中国、「宇宙強国」への野望

寺門和夫
科学ジャーナリスト

ウェッジ

中国、「宇宙強国」への野望

はじめに

火星にただ1人残された宇宙飛行士を救出するため、NASA（アメリカ航空宇宙局）はロケットを打ち上げた。しかし、ロケットは空中で爆発し、救出ミッションは失敗する。この窮地に手をさしのべたのが中国であった。NASA長官とその一行は北京のミッション・コントロール・センターで、中国の誇る巨大ロケットの打ち上げを見守る。

ハリウッド映画『オデッセイ』のこのシーンは、アメリカと肩を並べる宇宙大国になった中国の姿を描いている。ここには、国際宇宙ステーション計画のパートナーであるロシアやヨーロッパ、そして日本の姿はなく、まるで宇宙はアメリカと中国だけのものになったようである。

このシーンは、しかし現実になる可能性が高い。中国は「宇宙への大躍進」とでもいうべきパワフルな宇宙計画を進めている最中である。

2016年12月27日、中国が5年ごとに発表している『宇宙白書』の2016年版（『2016中国的航天』）が発表された。それほど長い文書ではないが、ここには中国宇宙開発のこれまでの成果と、今後5カ年の計画が簡潔に述べられている。今後の計画の中で目をひくのは、全世界で利用可能になる北斗衛星測位サービス、神舟宇宙船による有人宇宙飛行、いよいよ建設がはじまる中国独自の宇宙ステーション、月や火星の探査などである。中国の今後5年間の宇宙開発は、これまでにもまして力強く進められていくことが、この白書から読み取れる。

『白書』は、宇宙開発分野での国際的な関係についてもふれており、特に現代のシルクロード、「一帯一路」地域の国々との関係強化に宇宙インフラを利用することが述べられている。中国の宇宙開発が外交や経済戦略と強く結びついていることを物語っている。

中国の宇宙開発には、『白書』に書かれていないもう1つの顔もある。2007年に大量のスペースデブリ（宇宙ごみ）を発生させた衛星破壊実験や、宇宙に配備する兵器の開発など軍事的な側面である。中国の宇宙開発が人民解放軍主導で進められていることはまぎれもない事実であり、すべての宇宙活動はデュアルユースである。中国は宇宙の軍事利用に関してきわめて積極的な研究開発を進めている。

このように、中国の宇宙開発はいくつもの顔をもちながら進められている。こうした宇宙開発の進め方は、宇宙先進国とよばれる他の国々の進め方とは性格を異にしているといえよう。

2016年に中国は4月24日を「宇宙の日」とすることにした。4月24日は1970年に中国初の人工衛星「東方紅1号」が打ち上げられた記念すべき日である。この日を迎えるにあたり、習近平国家主席は、中国の航空宇宙事業が自力更正と自主的イノベーションによる発展の道を歩んできた歴史を振り返った上で、次のように述べたという。

『中国宇宙の日』を制定した目的は、歴史を銘記し、航空宇宙事業の精神を継承し、全国民、特に青少年たちの科学に対するあこがれと、未知の世界に対する探究、およびイノベーションする勇気を喚起し、中華民族の偉大な復興という『中国の夢』の実現のために、強大なパワーを集約することにある」

習国家主席のいう「中華民族の偉大な復興」や「中国の夢」は、必ずしもはっきりと定義されているわけではないが、ここで述べられていることは、中国が強大な国家となるためには、宇宙開発がきわめて重要な役割を果たすということである。

習国家主席はしばしば「宇宙の夢」という言葉も使う。「宇宙の夢」とは宇宙強国になることにほかならない。「中国の夢」の実現には、「宇宙の夢」の実現が必要という構図になる。

中国に対してどのような立場をとるのであれ、われわれは中国の宇宙開発について理解を深める必要がある。

中国の宇宙開発はどのような歴史をもっているのか。これまでどのような成果を成し遂げたのか。今後目指すところは何なのか。そして何よりも、中国はなぜ宇宙強国をめざすのか。中国宇宙開発の実態に迫ってみた。

寺門和夫

２０１７年2月

中国、「宇宙強国」への野望◆目次

第1章

中国　宇宙開発の源流

スローガン「両弾一星」に込められた野望

１９５０年にはじまった朝鮮戦争に、建国間もない中国の人民解放軍は「義勇軍」として参戦し、韓国軍およびアメリカ軍と激しい戦いを展開した。このとき、アメリカは人民解放軍に対する原爆使用を真剣に検討していた。国際社会に対して原爆を恐れない姿勢を見せ、原爆を「張り子の虎」としていた毛沢東は、実はアメリカの原爆を深刻な脅威としてとらえていた。自国を防衛し、アメリカやソ連という超大国と対峙するには原爆が絶対に必要というのが、毛の考えであった。１９５４年、広西省でウラン鉱脈が発見された。採掘されたウラン鉱石を手にして、毛は中国でも原爆製造が可能だと確信したといわれている。

１９５５年1月15日、毛沢東は原爆保有の方針を決定した。原爆開発を担当する組織として国務院に第三機械工業部（翌年の組織再編で第二機械工業部となった）が設立された。中国における原爆開発の中心となったのは銭三強《チエンサンチャン》である。中国建国前にフランスで原子物理学を学んでいた銭三強は、中国科学院原子能研究所（近代物理研究所が1

958年に名称変更）の所長として研究を主導した。

核の運搬手段となるミサイルの開発も必要である。中国におけるミサイルとロケット開発に、その黎明期において重要な役割を果たしたのが銭学森《チエンシュエセン》であった。

銭学森は1935年に上海交通大学を卒業すると、奨学金でマサチューセッツ工科大学に留学した。翌年、銭はカリフォルニア工科大学のセオドア・フォン・カルマンの下でロケットの研究をはじめる。第二次世界大戦がはじまると、アメリカ陸軍はミサイル研究に力を入れるようになり、カリフォルニア工科大学はミサイル研究の中心になった。1944年、銭は大学付属の研究機関であるJPL（ジェット推進研究所）の設立に参加した。「ジェット推進」とはミサイルとロケットの推進原理を意味している。JPLは陸軍とミサイル研究の契約を結んだ。JPLは現在、NASA（アメリカ航空宇宙局）の多く

銭学森（1970年代）

の惑星探査ミッションを運用している。銭はそのJPLの生みの親の1人である。

1945年5月、ドイツが降伏すると、アメリカはすぐにペーネミュンデに調査チームを派遣した。ここで史上初のミサイルV-2（A-4ロケット）の開発と製造が行われていたのである。銭は調査チームの一員であった。一時的に陸軍大佐という肩書をもらっていたが、彼のパスポートは中国のもので、チーム中唯一の外国人であった。このとき銭は、V-2を開発し、アメリカ側に投降したフォン・ブラウンと対面している。アメリカと中国のロケット開発にそれぞれ大きな貢献を果たすことになる2人は、このときドイツで相見《あいまみえ》ていたのである。

1951年、JPLの教授になっていた銭は、マッカーシーの赤狩りが進む中、中国共産党の党員だとして逮捕された。真面目な党員ではなかったが、銭は学生時代に共産党に入党していた。銭は2週間収監され、その後5年間自宅に軟禁された。1955年9月17日、銭は朝鮮戦争で捕虜となったアメリカ兵との交換で中国に送還された。中国は銭を送還させるためアメリカと交渉を重ねたといわれている。銭の頭脳を必要としていたからである。中国に戻ってきた銭を北京で迎えたのは周恩来であった。

アメリカのために20年近くミサイルやロケットの研究をしてきた銭だが、最後の5年間の仕打ちのために、もはやアメリカに対する未練はなくなっていた。銭は母国でのロケット開発を決意する。１９５６年２月17日、銭は「我が国の国防・航空工業の構築に関する意見書」を共産党指導部に提出した。周恩来は会議を開いてこれを承認し、同年10月８日、国防部に第五研究院が設立された。銭はその院長となった。以後、中国のミサイルとロケットの研究はここを中心に展開されていく。１９５７年に第五研究院の下に第一研究院（エンジン開発を担当）、第二研究院（制御システムを担当）がつくられた。１９６１年には対艦ミサイル担当の第三研究院が、１９６４年には固体燃料ロケット開発のための第四研究院が設置された。

１９５７年10月にソ連は世界初の人工衛星スプートニク１号を打ち上げた。翌月にはスプートニク２号を打ち上げた。銭学森は１９５８年１月に人工衛星を打ち上げる計画を党中央に提出した。人工衛星の重要性にいちはやく気付いた毛沢東は同年５月17日に、中央委員会で衛星開発を指示した。衛星打ち上げ計画は「５８１計画」とよばれることになった。

こうして、「核」「ミサイル」「人工衛星」が国家存続のための戦略的技術として位置づけられ、やがて「両弾一星」のスローガンが生み出されていく。両弾とは核爆弾（原爆と水爆）と導弾（ミサイル）、一星とは人工衛星のことである。

周恩来は1956年に、中国の科学技術を発展させるための12カ年計画「科学技術発展遠景規画」をスタートさせた。この計画で重要な役割を果たしたのは、物理学者・数学者の銭偉長《チエンウェイチャン》であった。銭学森、銭三強、銭偉長を、周恩来は中国科学技術界の傑出した「三銭」とよんだ。ちなみに同じ頃、ソ連でミサイルとロケットを開発したセルゲイ・コロリョフ、原爆を開発したイーゴリ・クルチャトフ、それらの計画を支えた数学者・物理学者のムスティスラフ・ケルディシュは、アメリカ帝国主義に対抗した「３Ｋ」とよばれている。

ソ連による援助でミサイルを開発

中国のミサイルとロケットの開発は、ソ連の援助の下にはじまった。1957年10月15日に、中国とソ連との間で、核とミサイルに関する技術援助協定「国防新技術協定」が結ばれた。これにもとづき、ソ連はミサイルに関する技術情報およびR−2ミサイル2基を中国に提供した。R−2はソ連がドイツから運んできたV−2をベースに組み立てたR−1を、コロリョフが改良したミサイルである。また、約100人の技術者がソ連から派遣され、中国の研究や実験場建設を支援した。

銭学森を中心に集まった開発チームは、まずR−2のリバース・エンジニアリングにとりかかった。リバース・エンジニアリングとは製品を分解して部品や作動原理を研究することである。このため、中国はR−2を12基購入したといわれている。

中国版R−2の初打ち上げは1960年11月に行われた。打ち上げ場所は、1958年にソ連の支援で建設された内モンゴル自治区の酒泉《チウチエアン》ミサイル実験場であった。この場所にミサイル実験場がつくられたのは、乾燥気候で晴天の日が多いためである。また、内陸部にあるためアメリカの偵察機が飛来できず、スパイの潜入が不可能であることも大きな理由であった。もっとも、アメリカは偵察衛星を運用するようになるとすぐに、このミサイル実験場の動きを監視するようになった。中国版R−2はその後「東風《トンフォン》1号」と名付けられた。

1950年代末から1960年代はじめにかけて、ニキータ・フルシチョフと毛沢東の路線の違いが鮮明になり、中ソ間に対立の構造が生じてきた。このため国防新技術協定は1959年に破棄され、翌年にはソ連の技術者も引き揚げてしまった。以後、中国は独力でミサイル開発をつづけることになる。ソ連は国防新技術協定を結んだ後も、原爆の技術情報を中国に渡すことには消極的であった。そのため、中国の原爆開発も大きな困難をともなった。

東風1号（DF−1）は中国初のミサイルであり、1961年に人民解放軍に配備されたが、その頃第五研究院では、ソ連のR−5ミサイルをモデルにした新しいミサイル東風2号（DF−2）の開発に取りかかっていた。すでに協定はなくなっていたので、中国はさまざまな手段でR−5の情報を入手したとされている。

東風2号の発射実験は1964年に成功した。この東風2号の射程を伸ばすために改良を加えたものが東風2号A（DF−2A）である。東風2号Aの発射実験は19

65年に成功した。

中国は1964年に初の原爆実験に成功し、世界で5番目の核保有国になった。その後、原爆は小型化され、1966年に酒泉ミサイル実験場から原爆を搭載した東風2号Aが発射され、爆発実験に成功した。こうして中国は念願の核ミサイルを保有することとなった。1965年には、人民解放軍のミサイル部隊として第二砲兵が創設されており、東風2号Aは第二砲兵に配備された。

東風3号（DF－3）は中国が独自の技術で開発した最初のミサイルである。1966年に発射実験に成功し、1971年に第二砲兵に配備された。1986年には改良型の東風3号A（DF－3A）が登場している。

東風4号（DF－4）は2段式の中距離弾道ミサイル（IRBM）で、第1段に東風3号を使用している。1970年に発射実験に成功し、1980年に第二砲兵に配備された。

東風5号（DF－5）は東風4号と同時期に開発が開始された射程1万㎞を超える2段式の大陸間弾道ミサイル（ICBM）である。第1段、第2段とも新規開発であった。東風5号の発射実験は1971年に成功した。東風5号にはサイロから発射する方式が採用された。東風5号が初めてサイロに配備されたのは1981年である。1986年には改良型の東風5号A（DF－5A）が配備された。また2015年9月3日に天安門広場で行われた「抗日戦争勝利70周年」記念軍事パレードでは、MIRV（多弾頭）化された東風5号B（DF－5B）が登場している。

初の人工衛星「東方紅1号」打ち上げ

ミサイル開発を優先するために581計画は中断されてしまったが、銭学森は衛星を打ち上げる準備をやめなかった。当時、衛星開発の中心は上海で、いくつかの研究所があった。銭はその1つである上海電気機械設計研究所を1963年に第五研究院の傘下に置き、同研究院の第八設計院とした。

1965年8月10日、周恩来と党中央委員会は1970年か71年に中国初の人工衛星を打ち上げることを決定した。衛星打ち上げ計画が再び進められることになり、改めて「651計画」と名付けられた。衛星の開発は中国科学院内につくられた651研究所が担当することになった。

1964年11月に、国防部第五研究院は国務院の第七機械工業部になった。すでにミサイル、ロケット、人工衛星関連の研究所や企業が多数育っており、第七機械工業部はそれらを管理し、開発と生産を進めていくことになったのである。これにともない、第五研究院傘下の第八設計院は第七機械工業部第八設計院となっていたが、1968年2月20日、651研究所と一緒になって、中国空間技術研究院（CAST）が設立された。このときには、さらにいくつもの研究所や企業が中国空間技術研究院に集められている。上海の衛星開発チームの一部は上海航天技術研究院（SAST）を設立した。1967年11月には、第五研究院傘下でロケット開発を担当していた第一研究院（北京万源工業公司）がもとになって中国運載火箭技術研究院（CALT）が設立されている。こうして、今日につながる重要な宇宙企業が誕生していった。

銭が衛星を打ち上げるロケットのベースとしたのは東風4号であった。東風4号はIRBMであり、衛星を宇宙空間まで運ぶ能力はない。銭は2段式の東風4号に、

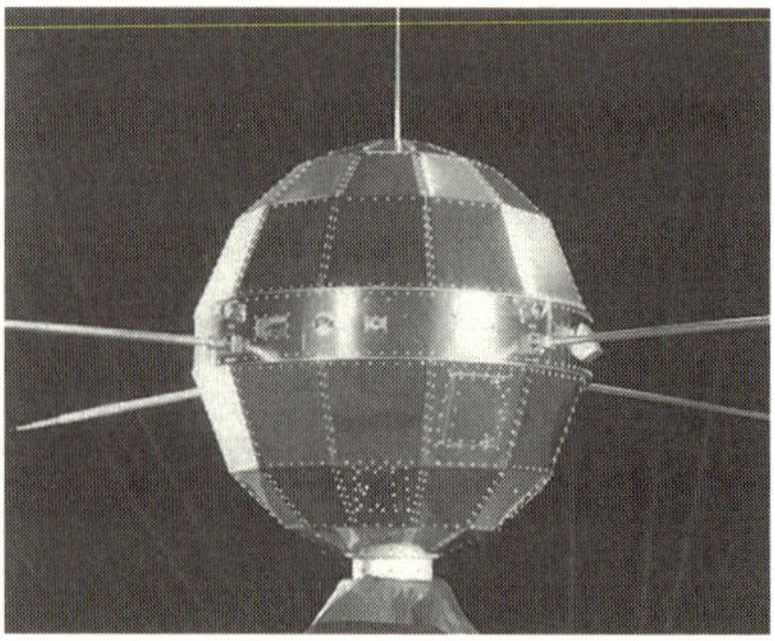

「両弾一星」を実現した中国初の人工衛星・東方紅1号

固体燃料ロケットによる第３段を加えることにした。固体燃料ロケットの開発を担当したのは、第五研究院の下につくられていた第四研究院であった。

１９７０年４月24日、準備はすべて整った。同日午後９時35分、中国初の人工衛星「東方紅《トンファンホン》１号」を搭載した長征《チャンチェン》１号は、酒泉衛星発射センターから打ち上げられた。日本初の人工衛星「おおすみ」の打ち上げから遅れること２カ月。中国はソ連、アメリカ、フランス、日本に続き、世界で５番目の衛星打ち上げ国となった。東方紅１号は球形（正確には72面体）をしており、直径約１ｍ、重量は１７３㎏であった。近地点４４０㎞、遠地点２０００㎞の軌道をまわり、毛沢東と中国共産党をたたえる歌「東方紅」を流しつづけた。

周恩来は「われわれは独力でこれをなしとげた」と語っている。両弾一星の実現は中国にとって大きな誇りであった。

東方紅1号打ち上げ成功に至る道筋は、けっして平坦ではなく、多くの技術的困難がともなった。さらに、1966年にはじまった文化大革命の嵐も、衛星計画に大きな打撃を与えた。文化大革命では、知識人や学生が、民衆や紅衛兵の攻撃の対象となった。ロケットや衛星の開発も反革命とみなされ、1968年には第七機械工業部の幹部の1人が群衆に殺された。銭学森も一時、労働を強制されていたという。事態を知った周恩来は特別命令をだし、宇宙開発に関わる科学者や技術者を保護した。この大混乱の時代においても、銭らが歩みをやめず、衛星打ち上げを成功させたのは驚くべきことといわざるをえない。

現代に続く長征ロケット・ファミリー

長征1号（CZ-1）はその後1971年に人工衛星、実践《シージィエン》1号を打ち上げた。しかし、打ち上げ能力に限界があり、2回の打ち上げで姿を消した。長征1号の改良型

長征1号ロケット。中国初の人工衛星「東方紅1号」を打ち上げた

のうち、長征1号D（CZ－1D）はその後2回の衛星打ち上げに成功している。

銭は次のロケット、長征2号（CZ－2）の開発に着手していた。長征2号は東風5号をベースにしていた。長征2号の最初の型である長征2号A（CZ－2A）は1974年に初打ち上げが試みられたが失敗した。しかし、長征2号C（CZ－2C）が1975年に初打ち上げに成功した。さらに長征2号D（CZ－2D）、長征2号E（CZ－2E）が開発された。長征2号Eには4基の液体燃料ロケット・ブースターが装着された。ブースターとは推進力を上げるための補機である。長征2号F（CZ－2F）は長征2号Eの有人宇宙船打ち上げ用バージョンで、信頼性が強化されている。1999年に初打ち上げに成功した。

なお、長征2号と同時期に、やはり東風5号をベースに風暴《フェンバオ》1号（FB－1）が開発された。文化大革命の下、「四人組」（江青、張春橋、姚文元、王洪文）の指示によるものとされている。風暴1号は1975年に衛星打ち上げに成功したが、1981年に製造が終わっている。

長征3号（CZ−3）は、静止軌道に衛星を打ち上げるために開発された3段式ロケットである。長征2号Cをベースにしている。長征2号シリーズおよび長征3号の第1段と第2段には、燃料に非対称ジメチルヒドラジン（UDMH）、酸化剤に四酸化二窒素のロケット・エンジンが使われているが、第3段にはじめて燃料に液体水素、酸化剤に液体酸素のエンジンが採用された。

長征3号の初打ち上げは1984年。その後、第3段を強化した長征3号A（CZ−3A）、4基の液体燃料ロケット・ブースターを装着した長征3号B（CZ−3B）、ブースターを2基にした長征3号C（CZ−3C）が登場している。

長征4号（CZ−4）シリーズは長征3号のバックアップとして開発が開始され、その後、主に極軌道衛星打ち上げのために使われるようになった3段式ロケットである。長征4号A（CZ−4A）の第1段と第2段は長征3号と同じだが、第3段には燃料が非対称ジメチルヒドラジン、酸化剤が四酸化二窒素のロケット・エンジンが使われている。長征４号Ａは１９８８年に初打ち上げに成功した。長征４号Ａを改良した長征４号Ｂ（ＣＺ-４Ｂ）は１９９９年に、第３段のエンジンを再着火可能にした長征４号Ｃ（ＣＺ-４Ｃ）は２００６年に初打ち上げに成功している。

ロケット開発で最も要になる技術はエンジンである。初期の開発をへて、中国は信頼性の高いロケット・エンジンの開発に成功した。

ＹＦ-20エンジンは、もともと東風５号のために１９６０年代に開発されたエンジンである。燃料は非対称ジメチルヒドラジン、酸化剤は四酸化二窒素である。ＹＦ-20シリーズのエンジンは現在も使われている。中国のロケット・エンジンは、呼び方が独特で、ＹＦ-20エンジンを４基クラスター化したものをＹＦ-21エンジンとよんでいる。ＹＦ-20の上段用バージョンがＹＦ-22で、これにエンジンの姿勢制御および推進補助用のバーニア・エンジンＹＦ-23を４基クラスター化したものがＹＦ-24とよばれる。

ＹＦ-20を改良したものがＹＦ-20Ｂである。さらにＹＦ-20Ｃ、ＹＦ-20Ｄ、ＹＦ-20Ｅが登場している。これらは第1段エンジンの他、ブースター用のエンジンとしても用いられる。ＹＦ‐22にもＡからＥまでのバージョンがある。ＹＦ‐25はブースター用に特化されたバージョンである。

ＹＦ‐40は長征４号の第３段用に登場したエンジンで、燃料は非対称ジメチルヒドラジン、酸化剤は四酸化二窒素である。ＹＦ‐40を再着火可能にしたエンジンがＹＦ‐40Ａである。

ＹＦ‐73は長征３号の第３段用に開発されたエンジンである。燃料は液体水素、酸化剤は液体酸素である。中国では、ミサイルとしての用途を考え、常温で長期間保存可能な非対称ジメチルヒドラジンを燃料とするエンジンの開発がまず進められた。しかしながら、液体水素と液体酸素を推進剤とするエンジン（液酸液水エンジン）の研究も、銭学森の提唱により、早くも１９６１年１月に開始されていた。ＹＦ‐73は１９７５年に開発がスタートした。１９８４年に試験通信衛星「東方紅２号」を打ち上げたが、信頼性に欠ける点があった。第２世代の液酸液水エンジンＹＦ‐75は１９８２年に開発がはじまっており、１９９４年から使用されている。

有人宇宙飛行への長い道のり

１９６１年４月12日、ソ連のユーリー・ガガーリンはボストーク１号で世界初の有人宇宙飛行を行った。銭がロケット技術を学んだアメリカでも、有人宇宙飛行計画がはじまっていた。フォン・ブラウンやセルゲイ・コリョロフがそうであったように、銭もまたミサイルを開発しながら、人類がはるかな宇宙空間を旅することを夢見ていた。

中国で有人宇宙飛行への動きがはじまったのは１９６０年代の後半である。１９６７年７月14日、毛沢東と周恩来は宇宙船の開発研究を許可した。２人乗りの宇宙船の概念がまとめられ、１９６８年１月、この宇宙船は「曙光《シュウクウァン》」と名づけられた。当時描かれた図面を見ると、曙光はアメリカのジェミニ宇宙船に似ている。

１９６８年４月に「航天医学工程研究所」が設立され、銭学森が所長になった。航天医学工程研究所は有人宇宙飛行の基礎研究だけでなく、宇宙飛行士の訓練も目的としていた。銭は空軍パイロットの中から中国初の宇宙飛行士を選抜することを、党と空軍に提案した。選抜は1970年に開始された。1971年5月、1000名以上の候補者の中から最終的に19名が選ばれた。

毛沢東は1971年4月、曙光宇宙船による有人宇宙飛行計画を承認した。この計画は「714計画」とよばれることになる。計画では1973年に初の打ち上げを行うことになっていた。打ち上げに用いられるロケットは、開発中の長征2号である。

ところが、714計画は翌年に中止されてしまう。原因は「林彪事件《リンビャオ》」であった。中国共産党中央委員会副主席の林彪は毛沢東との権力闘争に敗れ、1971年9月13日にモスクワへ逃亡を図った。しかし、彼の乗った飛行機はモンゴルで墜落し、林彪は死亡した。この事件後に起こった中国共産党および人民解放軍内部の政治的混乱に、714計画も巻き込まれてしまったのである。空軍内で林彪派の摘発が行われる中、714計画も林彪派の拠点ではないかと疑われた。銭学森も、以前林彪を支持したことを自己批判させられたといわれている。1972年5月13日、毛沢東は714計画の中止を指示した。宇宙飛行士チームは解散となり、19名はそれぞれの部隊に戻った。

714計画には十分な資金と人材が投入されていなかったことが、その後明らかになっている。宇宙船の開発は思うように進まなかった。宇宙飛行士訓練用の宇宙船のモックアップ（原寸模型）は紙と木材でつくられていた。食料も不足し、宇宙飛行士が十分な栄養をとることさえ困難だったという。中国にはまだ、有人宇宙飛行計画を進めるだけの経済力も技術力もなかった。おまけに文化大革命の影響を受け、開発研究はしばしばさまたげられた。

714計画は中止されたが、航天医学工程研究所は存続した。銭は研究を続け、宇宙環境が人体に与える影響を調べる実験には、空軍から派遣された「非公式の宇宙飛行士」たちが参加した。このため有人宇宙飛行計画がふたたび開始されるまで、宇宙飛行士選抜のノウハウや宇宙飛行の医学知識が失われることはなかった。選抜された19名の宇宙飛行士については、その後追跡調査が行われている。全員が健康で、空軍内で高いランクに昇進を果たしていた。選抜はきわめて的確に行われたのである。

中国独自の有人宇宙飛行計画

中国の有人宇宙飛行計画に新たな動きがはじまったのは1986年のことであった。この年に、中国科学院で「863-2研究計画」が立ちあがり、有人宇宙飛行のフィージビリティ・スタディがはじまったのである。「863-2研究計画」の中に、有人宇宙船のための「863-204計画」と宇宙ステーションのための「863-205計画」があった。当時ソ連はサリュート宇宙ステーションやミール宇宙ステーションを運用し、宇宙との往復にソユーズ宇宙船を使用していた。これと同じような有人宇宙飛行を、すでにこの時点で想定していたことがわかる。

1988年には「863-204計画」のために、有人宇宙船の設計コンペが行われた。アメリカでは「スペースシャトル」が宇宙と地上を往復していた。ソ連でもスペースシャトルにそっくりの「ブラン」が開発された。そのためか、この設計コンペに提案された6つの案のうち5つは、スペースシャトルないし小型のスペースシャトル、あるいはスペースプレーン・タイプの往還型宇宙船であった。しかし

1年をかけた審査の結果、採用されたのは、ソ連のソユーズ宇宙船に似たカプセル型宇宙船であった。

宇宙船を有翼のスペースシャトル型にするか、ソユーズやアポロのようなカプセル型にするかについて、内部にはさまざまな議論があったと想像される。しかしながら、当時の中国には極超音速機の技術はなく、スペースシャトル型宇宙船の開発は大きなチャレンジであった。最終的に、技術的リスクの少ないカプセル型が選ばれたと考えられる。

カプセル型宇宙船が選ばれたもう1つの理由は返回式衛星（FSW）である。中国では1975年以来、カプセル部分を回収できる返回式衛星を打ち上げていた。返回式衛星は偵察用に開発された軍事衛星で、搭載カメラで撮影したフィルムを回収するために、カプセルを地球に帰還させる必要があったのである。1988年までに11回のカプセル回収に成功していた。中国は返回式衛星の運用によって、大気圏再突入技術を蓄積しており、この技術はカプセル型有人宇宙船にも応用できるはずであった。

中国の宇宙開発は、一度挫折した有人宇宙飛行計画を復活させる時期にきていた。1988年の『人民画報』には、「航天医学工程研究所」が写真入りで紹介されていた。それを見ると、研究所には宇宙環境のシミュレーターや、宇宙飛行士を訓練するための遠心機などの施設が整備されていた。有人宇宙飛行に向けた研究の現場を、国営出版社が刊行する雑誌で公表した背景には、宇宙を目指す中国の新たな、そして力強いうねりがあったのであろう。

1992年9月21日、中国は宇宙への独自の道を歩むべく、新たな有人宇宙飛行計画をスタートさせた。この計画は「921計画」とよばれることになる。1992年9月21日といえば、日本においては、毛利衛《まもる》がスペースシャトルに搭乗し、日本人宇宙飛行士として初の宇宙飛行を行って帰還した翌日のことである。

1991年にソ連は崩壊し、冷戦の時代は終わった。中国とロシアには新たな関係が樹立され、1995年には両国の間で、ロシアのソユーズ宇宙船の技術を中国に供与する協定が締結された。この協定にもとづいて、中国はソユーズ宇宙船、生命維持システム、ドッキング装置、宇宙服を購入した。ただしソユーズ宇宙船は躯体のみで、内部のシステムは含まれていない。

協定には宇宙飛行士の訓練に関する条項も含まれていた。１９９６年、呉傑杰と李慶龍がモスクワ郊外のガーリン宇宙飛行士訓練センター（星の町）に派遣された。2人は前年、宇宙飛行士に選ばれていた。、宇宙飛行士として2年間の訓練を受けた2人は中国に戻り、宇宙飛行士を訓練する教官となった。１９９８年、「９２１計画」のための宇宙飛行士12名が選ばれた。

有人宇宙船「神舟」の開発

１９９９年11月20日、中国が開発した新たな宇宙船が最初の無人試験飛行を行う日が来た。江沢民国家主席はこの宇宙船を「神舟《チェンチュウ》」と命名していた。

神舟はソユーズと同じように3つのモジュールからなる。すなわち、宇宙飛行士が乗りこみ、最終的に地球に戻ってくる帰還モジュール、軌道上での仕事場や生活空間になる軌道モジュール、そして推進装置や燃料タンクのある機器・推進モジュールである。ソユーズ宇宙船を参考にしているものの、中国独自の工夫も多い。サイズはソユーズよりひとまわり大きく、帰還モジュールや軌道モジュール内部の空間もソユーズより広い。電力供給用の太陽電池板はソユーズでは機器・推進モジュールについているが、初期の神舟では機器・推進モジュールと軌道モジュールの両方についていた。これは軌道モジュールに、宇宙空間で長期間活動可能な機能をもたせるためである。ソユーズの軌道モジュールは大気圏再突入時に帰還モジュールから切り離され、大気圏内で燃えつきてしまうが、神舟5号と6号の軌道モジュールは乗員帰還後も一定期間軌道にとどまり、小型の宇宙実験室として運用された。

酒泉衛星発射センターの発射台では、有人宇宙船打ち上げ用に長征2号Eを改良した長征2号Fが発射の瞬間を待っていた。その先端のフェアリング（カバー）内に神舟1号が収納されている。神舟1号にとっても、長征2号Fにとっても、デビューとなる打ち上げであった。ただし、神舟1号の内部のシステムは完全ではなく、軌道モジュールにいたってはモックアップであった。打ち上げは当初10月に予定されていたが、不具合に悩まされ、この日まで延びてしまった。

打ち上げは成功し、神舟1号は地球を14周し、翌11月21日に内モンゴル自治区の平原に着陸し、回収された。中国共産党指導部は建国50周年にあたる1999年に初の有人宇宙飛行が行われることを期待していた。その目標は達成できなかった。しかし、神舟1号の無人飛行は間に合った。

神舟2号は2001年1月10日に打ち上げられ、地球を108周した後、1月16日に帰還した。神舟2号にはサル、イヌ、ウサギのほか、カタツムリなどの小動物や水棲動物、微生物が乗せられていた。神舟2号の回収場面の写真は公表されていない。パラシュートのハーネスが切れ、地面に激突したとみられている。

2002年3月25日、「神舟3号」が打ち上げられ、軌道に乗った。江沢民国家主席は現地で打ち上げを見守り、その成功を祝福した。江沢民は長征2号Fを「神箭」(神の矢)と命名した。この名称はあまり使われていないが、以後の長征2号Fには必ずこの文字が描かれている。

神舟3号の飛行は、有人宇宙飛行の実現に大きな意味をもつものであった。生命維持装置をはじめ、神舟3号にはすべてのシステムが揃っていた。神舟1号や神舟

2号で明らかになった問題箇所も改良されていた。ロケットの先端にはエスケープタワー（緊急脱出用システム）も取り付けてあった。エスケープタワーは、異常事態発生時に宇宙飛行士の乗ったカプセル部分を切り離して安全な場所に緊急着陸させるための小型ロケットで、有人飛行には欠かせない。

宇宙船を収納したフェアリングには、ソユーズ宇宙船と同じように、緊急脱出時に展開する4枚の安定板が取り付けてあった。この安定板のシステムを中国はロシアから買おうとしたが、あまりに高価だったため、独自に開発したという。

神舟3号は4月1日に帰還した。

神舟4号は、本番への完全なリハーサルであった。すべての装備が揃い、宇宙飛行士のダミー2体が帰還モジュールのシートにおさまっていた。神舟4号は2002年12月30日に打ち上げられ、2003年1月5日に地球に帰還した。

2003年10月16日、初の有人宇宙飛行を終えた神舟5号のカプセルが地球に帰還した
（写真：Imaginechina／アフロ）

初の有人飛行「神舟5号」

2003年10月。中国初の有人宇宙飛行は、乗員1名、飛行期間1日で行われることになった。神舟5号の最初の塔乗員候補として、教官2名を含めた14名の宇宙飛行士チームから3名が選ばれていた。楊利偉《ヤンリィウエイ》、聶海勝《ニィエハイション》、翟志剛《ディヂーガン》である。このうち誰が飛ぶかは、打ち上げ前日の夜まで決定されなかった。10月14日の夜、人民解放軍のトップレベルの会議で選ばれたのは楊利偉だった。

10月15日午前6時15分、楊は神舟5号に乗りこんだ。

午前9時00分、神舟5号を搭載した長征2号Fは発射台を離れた。9分50秒後、神舟5号は地球周回軌道に入った。胡錦濤国家主席は現地で打ち上げを見守った。その他の共産党指導部や政府首脳は、北京のミッション・コントロール・センターの大型モニター画面の前にいた。打ち上げは事前には公表されず、テレビ中継は行われなかった。

楊は地球を14周し、10月16日午前6時23分、内モンゴル自治区の草原に無事着陸した。温家宝首相は帰還した楊と無線で話し、帰還をたたえた。中国は、ソ連、アメリカにつづき、自力で人間を宇宙に送った3番目の国になった。

銭が初代の所長を務め、中国国内では「507研究所」としても知られた航天医学工程研究所は、2005年に中国航天員科研訓練センター（ACC）となった。同センターは現在、アメリカのジョンソン宇宙センターとロシアのガガーリン宇宙飛行士訓練センターに次ぐ世界第3位の規模の宇宙飛行士訓練センターに発展している。

2008年1月19日、胡錦濤国家主席は旧暦の正月を前に病床の銭を見舞い、祝福を送った。建国60周年にあたる2009年、温家宝首相は8月6日に銭を訪ね、その業績をたたえた。激動の時代を生き抜き、中国のロケット、人工衛星、有人宇宙飛行の礎を築いた銭学森は、2009年10月31日に永眠した。97歳であった。

第2章

政府・軍による宇宙開発体制

中国の宇宙開発体制

中国の宇宙開発体制は複雑で、多くの関係機関や企業が存在している。その全体像を次々ページの図に示した。この図でわかるように、大きくは国務院（政府）の管轄と軍の管轄に分かれている。

中国の宇宙計画の策定・実施、宇宙関連機関・企業の管理・監督を行っているのは、国務院の工業・情報化部（部は日本の省に相当）にある国防科技工業局（SASTIND）である。

ロケット、人工衛星、宇宙船などを開発・製造している2つの巨大企業、中国航天科技集団公司と中国航天科工集団公司は国有企業であるので、国務院国有資産監督管理委員会の監督下にあるが、開発計画から生産計画まですべての活動は、実質的に国防科技工業局の管轄下にあるといってよい。この2つの国有企業の特徴は、研究院（大型科学研究生産連合体）とよばれる組織が主軸になっていることである。各分野の研究院が基礎研究から開発、製造までを一貫して行うシステムになっている。

月の無人探査は国防科技工業局の管轄となっており、探月航天工程センターは同局の直属組織になっている。対外的に中国を代表する宇宙機関となっている中国国家航天局も、国防科技工業局の管轄である。

科学衛星、地球観測衛星、気象衛星、測地衛星などのデータは、中国の科学研究の総本山である中国科学院の研究所、および国務院各部の機関で利用されている。中国では、軍用以外の衛星も軍民両用となっており、これらの衛星データは軍も利用している。

国防科技工業局を指導しているのは人民解放軍の装備発展部である。中国の有人宇宙計画は国務院から切り離され、装備発展部の指揮下にある。また、人工衛星や宇宙船の発射センターや管制センターも装備発展部の指揮下にある。

中国の宇宙開発は、一部の民生分野や科学研究をのぞき、ほとんどが軍の指導下にあるといってよい。

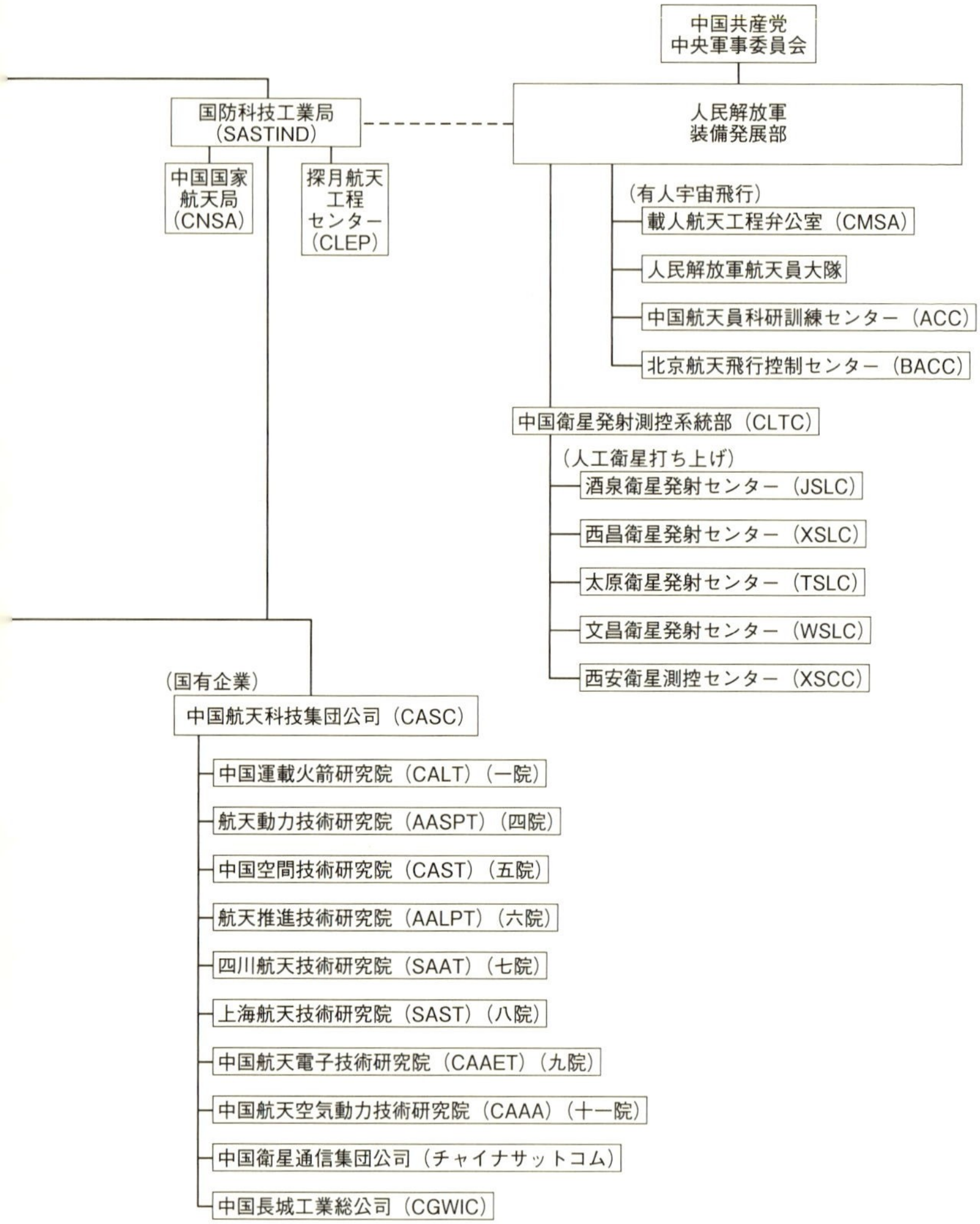
中国共産党
中央軍事委員会
国防科技工業局
(SASTIND)
人民解放軍
装備発展部
中国国家
航天局
(CNSA)
探月航天
工程
センター
(CLEP)
(有人宇宙飛行)
載人航天工程弁公室(CMSA)
人民解放軍航天員大隊
中国航天員科研訓練センター(ACC)
北京航天飛行控制センター(BACC)
中国衛星発射測控系統部(CLTC)
(人工衛星打ち上げ)
酒泉衛星発射センター(JSLC)
西昌衛星発射センター(XSLC)
太原衛星発射センター(TSLC)
文昌衛星発射センター(WSLC)
西安衛星測控センター(XSCC)
(国有企業)
中国航天科技集団公司(CASC)
中国運載火箭研究院(CALT)(一院)
航天動力技術研究院(AASPT)(四院)
中国空間技術研究院(CAST)(五院)
航天推進技術研究院(AALPT)(六院)
四川航天技術研究院(SAAT)(七院)
上海航天技術研究院(SAST)(八院)
中国航天電子技術研究院(CAAET)(九院)
中国航天空気動力技術研究院(CAAA)(十一院)
中国衛星通信集団公司(チャイナサットコム)
中国長城工業総公司(CGWIC)

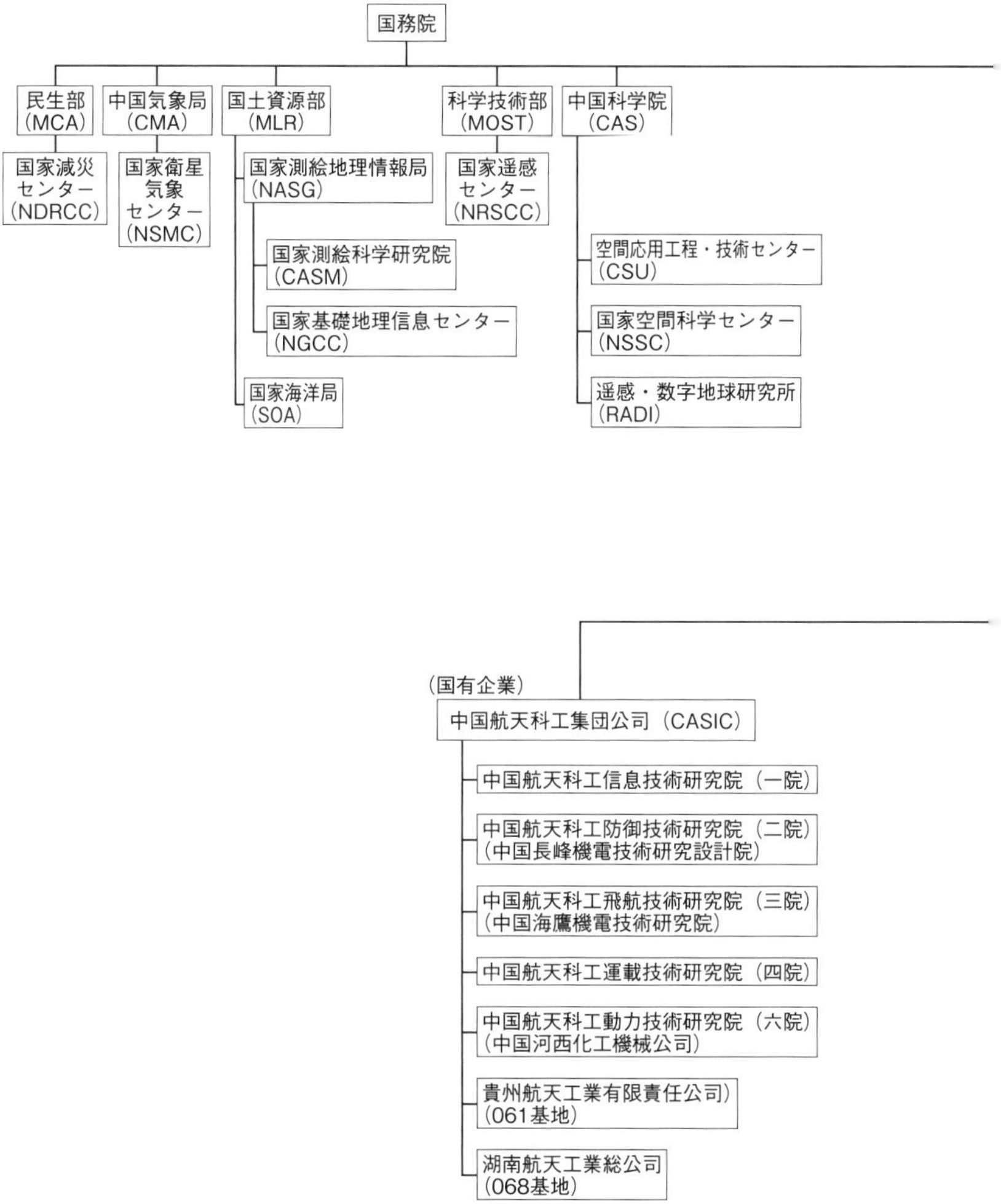

中国の主要宇宙開発関連機関

国防企業を監督する国防科技工業局

国防科技工業局は中国の宇宙計画を策定し、実施している。国防科技工業局のウェブサイトによると、同局は中国の軍事力増強のため、主に核兵器、宇宙、航空、兵器、船舶、電子工業に関わっている。したがって、同局は宇宙開発のみを扱っているわけではない。

国防科技工業局は2008年の国務院の機構改革の際、それまでの国防科学技術工業委員会（COSTIND）が改組されたものである。そこにいたるまでの経緯をみてみよう。

1968年に第五研究院が第七機械工業部になったように、中国における初期の機械工業は、国務院の各機械工業部が計画から生産までを担当していた。このうち、国防技術に関連する機械工業部と、それらの1980年代における名称は次の通りである。

第二機械工業部（核兵器・原子力）　→　核工業部

第三機械工業部（航空機）　↓　航空工業部
第四機械工業部（電子機器）　↓　機械電子工業部
第五機械工業部（兵器）　↓　兵器工業部
第六機械工業部（船舶）　↓　中国船舶工業総公司
第七機械工業部（宇宙）　↓　航天工業部

これらを統括していたのは、国務院内に設置された国防工業弁公室である。国防工業弁公室は中国共産党中央軍事委員会の指導下にあった。

1988年に大きな組織再編があり、国防工業弁公室は国防部の国防科学技術委員会、中央軍事委員会の科学技術装備委員会と統合され、国務院に国防科学技術工業委員会が設置された。

行政機能と開発・生産機能が分離されず一体となっていた各工業部は、1998年の行政機構改革において行政機能を切り離され、国有企業として開発・生産活動を担当することになった。一方、国防科学技術工業委員会は名称をそのままに改組され、それらの軍需産業を監督する立場になった。その国防科学技術工業委員会が国防科技工業局になったわけであり、党中央軍事委員会と装備発展部の指導下にあるという関係は現在も変わっていない。

民生分野の宇宙開発を行う中国国家航天局

中国国家航天局（CNSA）は中国の宇宙開発のうち、民生分野を担当している。対外的には中国を代表する宇宙機関として機能している。宇宙分野の国際的な協定なども中国国家航天局が行っている。

1964年11月に設置された第七機械工業部は1982年に航天工業部となった。1988年には航天工業部と航空工業部が統合した航天航空工業部が誕生したが、1993年に宇宙部門と航空部門はふたたび別れることになった。宇宙部門は中国航天工業総公司となり、行政部門が独立して中国国家航天局となったのである。

中国国家航天局は当初、国務院の直轄であったが、現在は国防科技工業局の下にある。

ロケット・人工衛星・宇宙船開発を行う2つの巨大宇宙企業集団

国防科技工業局の下に2つの巨大国有企業がある。中国航天科技集団公司（CASC）と中国航天科工集団公司（CASIC）である。この2つの企業は1999年に中国航天工業総公司が分割されてできたものである。分割の理由は、企業活動に競争原理を導入するためとされている。とはいえ、分割にあたっては、中国航天科技集団公司が主にロケット、人工衛星、宇宙船を、中国航天科工集団公司が主にミサイル、兵器システムを担当することになった。

こうした経緯を見ればわかるように、中国航天科技集団公司は国防部第五研究院にまでさかのぼる歴史をもち、中国宇宙開発の主軸となっている企業集団である。中国航天科技集団公司はその傘下に8つの研究院（大型科学研究生産連合体）、多数の企業、直属施設をもっている。従業員は約14万人といわれる。

中国航天科技集団公司の研究院は次の通りである。

■中国航天科技集団

中国運載火箭研究院（CALT、一院）

1957年に第五研究院に設立された第一研究院がそのはじまりで、長征ロケットの開発および製造を行ってきた。中国最大のロケット開発・製造企業である。従業員は約3万人といわれる。

航天動力技術研究院（AASPT、四院）

1962年に第五研究院に設立された第四研究院がそのはじまりで、中国最大の固体燃料ロケットエンジンの開発・製造企業である。従業員は約1万人。

中国空間技術研究院（CAST、五院）

中国の衛星開発・製造の中心的な企業である。設立は1968年で、中国初の衛星である東方紅1号以来、通信衛星、気象衛星、地球観測衛星、航行測位衛星など各種衛星の開発・製造を行ってきた。また、月探査機や神舟宇宙船、天宮宇宙ステーションの開発も行っている。従業員は1万人以上といわれる。

航天推進技術研究院（AALPT、六院）

中国最大の液体燃料ロケットエンジンのメーカーである。長征ロケットの液体燃料エンジンを開発・製造してきた。神舟宇宙船や月探査機の開発にも関係している。従業員は約1万8000人。

四川航天技術研究院（SAAT、七院）

電子制御機器、誘導装置などを製造している他、WSシリーズのロケット砲などの開発・製造も行っている。従業員約1万5000人。

上海航天技術研究院（SAST、八院）

1968年に設立された研究院で、衛星やロケットの開発を行っている。長征2号D、長征4号、長征6号は上海航天技術研究院で開発された。有人宇宙計画や月探査計画にも関わっている。従業員は約2万2000人。

中国航天電子技術研究院（CAAET、九院）

ロケットや宇宙機器の電子装置を開発・製造している。

中国航天空気動力技術研究院（CAAA、十一院）

航空機の空力研究を行っている。UAV（無人航空機）の開発も行っている。従業員は約1400人。

中国航天科技集団公司傘下の主な企業は次の通りである。

中国衛星通信集団公司（チャイナサットコム）

移動体衛星通信、衛星放送などの衛星通信サービスを行っている。また、軍が利用する通信衛星の運用も行っている。

中国長城工業総公司（CGWIC）

長征ロケットによる衛星の商業打ち上げサービスを行う中国唯一の企業である。世界の衛星打ち上げ市場に参入している。

中国航天科技集団公司はミサイルや兵器の開発・製造も行っており、宇宙関連の売り上げは全体の3分の1程度といわれる。

■中国航天科工集団公司

中国航天科工集団公司は、中国航天工業総公司が1999年に分割された際には中国航天機電集団公司という名称であったが、2001年に現在の名称となった。従業員は約13万人といわれる。

中国航天科工集団公司は宇宙関連製品の開発・製造を行っているものの、ミサイルや各種兵器システムなど、企業活動の多くが軍需に向けられている。

中国航天科工集団公司には5つの大型科研生産連合体（研究院）がある。

中国航天科工信息技術研究院（一院）

衛星や宇宙機の情報システム、通信システムの開発・製造を行っている。測位衛星北斗の第4世代チップの開発もここで行われた。

中国航天科工防御技術研究院（二院、別名：中国長峰機電技術研究設計院）

1957年に設立された第五研究院の第三研究院がはじまりである。対衛星攻撃ASATとミサイル防衛システムを開発している。

中国航天科工飛航技術研究院（三院、別名：中国海鷹機電技術研究院）

巡航ミサイルの開発・製造をほぼ独占しているといわれる。航空技術の研究も行っており、極超音速機あるいはスペース・プレーンのためのスクラムジェット・エンジンの開発も行っている。

中国航天科工運載技術研究院（四院）

旧四院と九院（066基地）が合併してできた。ミサイルおよび固体燃料ロケットの開発・製造を行っている。従業員は約2万人。

中国航天科工動力技術研究院（六院、別名：中国河西化工機械公司）

内モンゴル自治区フフホトにある。第七機械工業部第四研究院の時代、ここで中国最初の大型固体燃料ロケットの開発が行われた。第四研究院はその後「三線建設」（対ソ戦や対米戦にそなえるため工業施設を内陸部に建設する政策）によって分割され、西安に移転したグループが現在の中国航天科技集団公司の航天動力技術研究院（四院）となり、フフホトに残留したグループが中国航天科工動力技術研究院となっている。ミサイルやロケットの固体燃料ロケット、衛星のキックモーターなどの小型固体燃料ロケットの開発・製造を行っている。

中国航天科工集団公司傘下の主な企業は次の通りである。

貴州航天工業有限責任公司（061基地）

ロケット、ミサイル用の装置、部品を製造している。

湖南航天工業総公司（068基地）

ロケット、ミサイル用の装置、部品を製造している。

■その他の宇宙関連機関

中国科学院

中国科学院（CAS）は国務院直属の組織である。中国科学院に属する宇宙開発関連の主な研究所や施設としては以下があげられる。

空間応用工程・技術センター（CSU）

宇宙ステーションで行う宇宙実験のためのセンターで、2011年に設立された。前身は中国科学院空間科学・応用総体部（GESSA）。神舟宇宙船、天宮1号、天宮2号で行われた宇宙実験は、空間科学・応用総体部および空間応用工程・技術センターが行ってきた。微小重力環境下における流体物理学、材料科学、生命科学、バイオテクノロジーの実験などに取り組んでいる。

国家空間科学センター（NSSC）

1958年に設立され、東方紅1号の開発に大きな役割を果たした。現在も多くの科学衛星ミッションを行う他、有人宇宙飛行、月・惑星探査にも関わっている。宇宙空間物理学、宇宙環境科学、リモートセンシング、宇宙工学などの研究を行っている。

遥感・数字地球研究所（RADI）

遥感とはリモートセンシングのことである。中国科学院の遥感応用研究所（IRS

A）と対地観測・数字地球科学センター（CEODE）が2012年に統合されてできた研究所である。リモートセンシングの基礎から応用までの研究を行っている。

国家遥感センター（NRSCC）

国務院科学技術部（MOST）傘下のリモートセンシング・センターである。リモートセンシング・データの取得から利用、地理情報システム、測位技術など、幅広い分野で研究を行っている。

国家衛星気象センター（NSMC）

国務院の直属組織である中国気象局（CMA）に属する研究機関。1971年に設立され、気象衛星の開発、気象データの受信、天気予報を行っている。また、気象衛星データを農業、林業、環境問題などに利用するための研究も行っている。

国家海洋局（SOA）

国務院国土資源部（ＭＬＲ）に属する組織で、中国の海洋権益の維持、海洋観測、海洋環境保護などが主な任務になっている。国家衛星海洋応用センター（ＮＳＯＡＳ）では海洋衛星の開発、衛星データを用いた研究を行っている。

国家測絵地理情報局（NASG）

国務院国土資源部（ＭＬＲ）に属する組織で、中国全土の測量と地図作成を行っている。傘下に国家測絵科学研究院（ＣＡＳＭ）、国家基礎地理信息センター（ＮＧＣＣ）などがあり、測位衛星や地球観測衛星のデータを利用している。

国家減災センター（NDRCC）

国務院民政部（ＭＣＡ）に属する。２００２年に設立され、２００９年に民政部の衛星減災応用センターを吸収した。自然災害による被害を低減させる対策に衛星データを利用している。

■人民解放軍装備発展部

人民解放軍の中央組織は2016年に改革され、いわゆる「四総部体制」が解体された。四総部の1つで、人民解放軍の兵器の研究開発、調達、維持を行ってきた総装備部は、新設された7つの部の1つである装備発展部となった。これにともない、総装備部が担当してきた衛星の打ち上げ・追跡管制、有人宇宙計画などの管轄も装備発展部に移行している。

ロケットの打ち上げ、衛星の追跡・管制を行っているのは装備発展部の中国衛星発射測控系統部（CLTC）である。ロケットの発射場は、酒泉衛星発射センター（内モンゴル自治区）、西昌衛星発射センター（四川省）、太原衛星発射センター（山西省）、文昌衛星発射センター（海南島）の4カ所である。陝西省西安に西安衛星測控センター（XSCC）がある。

これらについては第3章で説明する。

有人宇宙計画を管轄しているのが載人航天工程弁公室（CMSA）である。宇宙飛行士は人民解放軍航天員大隊に所属している。宇宙飛行士の訓練は北京にある中国航天員科研訓練センター（ACC）で行われる。2005年に設立された。前身は航天医学工程研究所である。同じ敷地内に、有人宇宙飛行や月探査の際のミッション・コントロール・センターである北京航天飛行控制センター（BACC）も置かれている。

中国の有人宇宙計画については第6章で説明する。

第3章
ロケットと打ち上げ施設

長征5号、打ち上げに成功

2016年10月28日午前8時25分、海南島の文昌《ウエンチャン》衛星発射センター。ロケット組立棟、ビルディング501から巨大なロケットがゆっくりと姿を現した。移動発射台上に垂直に立っているのは全長約60mの長征5号ロケットである。青空の下、白い胴体にペイントされた「中国航天」の文字と、「5」をデザインした赤いマークが誇らしげだ。ロケット先端のフェアリングにカバーされたペイロード（搭載物）は、技術試験衛星「実践17号」と上段ロケット「遠征2号」である。長征5号は2・8km先の発射台、LC101に3時間近くをかけて移動した。発射台についた長征5号に、整備塔からのケーブルが結合された。

アメリカのデルタⅣヘビーと並ぶ世界最強ロケットの1つとなる長征5号は、中国が待ちのぞんできたロケットである。大型衛星の静止軌道への投入、宇宙ステーションの建設、月や火星への探査機の打ち上げ。中国の野心的な宇宙計画の将来は、長征5号にかかっている。当初は2014年に初打ち上げの予定だったが、開発が遅れ、打ち上げは2015年に、そして2016年にずれこんでいた。

発射台での総合試験が終了し、打ち上げ準備が整ったのは11月3日である。打ち上げは予定より約3時間遅れた。その間に数回のホールド（カウントダウンの一時中断）があった。液体酸素タンク内の圧力を調節するベントリリーフ系、およびエンジンの冷却温度に問題があったためとされている。

午後8時43分、点火。打ち上げの様子は中国中央電視台（CCTV）で中継された。カウントダウンのゼロと同時に水素エンジンの噴射が輝き、続いてケロシンの巨大な炎が姿を現す。次の瞬間、エンジン全開のまばゆい光と轟音の中を、ロケットは力強く上昇をはじめた。

打ち上げ後2分53秒でブースター分離。4分45秒後、高度約150kmでフェアリングが分離された。7分55秒後、第1段エンジン燃焼終了、第1段切り離し。すぐに第2段エンジンが点火された。

打ち上げから13分50秒後に第2段エンジン燃焼停止。ロケットはそのまま慣性飛行し、23分42秒後にエンジンを再点火した。29分25秒後に第2段エンジン燃焼終了。

29分43秒後に第2段切り離し。実践17号と遠征2号は静止トランスファー軌道に到達した。遠地点3万5836㎞、近地点225㎞、軌道傾斜角（赤道面との角度）は19・5度である。この時点で長征5号の任務は完了した。打ち上げは成功し、地上は大きな拍手につつまれた。

実践17号を赤道上空3万6000㎞の円軌道、すなわち静止軌道に投入するのは、遠征2号の役目である。遠征2号を使えば、衛星は自身の燃料を使って静止軌道に入る必要がないので、衛星の寿命はその分延びることになる。静止トランスファー軌道到達の約2分後、遠征2号のエンジンが点火され、47秒間燃焼。さらに打ち上げから5時間53分後に再点火された。18分間の燃焼後、実践17号と遠征2号は静止軌道に入った。打ち上げから6時間15分後に、実践17号は遠征2号から切り離された。

長征5号は、「宇宙強国」へと躍進する中国の切り札である。2017年には、月に着陸してサンプルリターンを行う探査機、嫦娥5号の打ち上げを行う。また、低軌道打ち上げ用の長征5号Bも2017年に登場し、2018年には中国が計画する宇宙ステーションのコア・モジュールを打ち上げる予定である。

次世代ロケット開発へ

文昌衛星発射センターでは２０１６年６月に、長征７号の初打ち上げが行われている。また、前年の９月には太原衛星発射センターで長征６号の初打ち上げが行われた。中国はこれまで使用してきた長征２号、３号、４号を長征５号、６号、７号にリプレースしようとしているところである。

現在運用中の長征２号、３号、４号は次の通りである。

長征２号C（CZ-2C）

１９７５年に登場した。低軌道に２・５トン、地球観測衛星によく使われる太陽同期軌道に７５０kgの打ち上げ能力をもっている。

長征2号D（CZ－2D）

1992年に登場した。打ち上げ能力は低軌道に3・3トン、太陽同期軌道に2トン。長征2号Cにくらべ向上している。

長征2号F（CZ－2F）

1999年に登場した。低軌道に8・9トンの打ち上げ能力をもつといわれる。神舟宇宙船の打ち上げに使用されてきた。天宮1号、天宮2号を打ち上げたのは、長征2号F／Tというバージョンである。

長征3号A（CZ－3A）

1994年に登場した。長征3号は静止軌道への打ち上げを目的に開発された。長征3号Aは低軌道に6トン、太陽同期軌道に5トン、静止トランスファー軌道に2・6トンの打ち上げ能力をもつ。2007年には地球周回軌道を離れ、月を周回する探査機、「嫦娥1号を打ち上げた。

長征3号B（CZ－3B）

1996年の初打ち上げに失敗。翌1997年に打ち上げに成功した。長征3号Aに4本のブースターを装着した。低軌道に11・2トン、太陽同期軌道に5・7トン、静止トランスファー軌道に5・1トンの打ち上げ能力をもつ。登場した頃はロシアのプロトンに次ぐ世界第2位の打ち上げ能力を誇っていた。

長征3号B／E（CZ－3B／E）

2007年に登場。長征3号Bの増強型で、打ち上げ能力は低軌道に11・5トン、太陽同期軌道に6・9トン、静止トランスファー軌道に5・5トンへと増加している。

長征3号C（CZ－3C）

2008年に登場。長征3号Bのブースターを2本にしたタイプ。長征3号Aと長征3号Bの間を埋めるロケットで、低軌道に9・1トン、太陽同期軌道に6・5トン、静止トランスファー軌道に3・8トンの打ち上げ能力をもつ。

長征4号B（CZ－4B）

1999年に登場した。長征4号は長征3号に第3段をつけたもので、長征4号Bは、フェアリングを大型化し、サイズの大きな地球観測衛星などの打ち上げ要求に応えている。低軌道に4・2トン、太陽同期軌道に2・8トン、静止トランスファー軌道に1・5トンの能力をもつ。

長征4号C（CZ－4C）

2006年に登場した。第3段を複数回着火可能とし、多様な打ち上げ要求に対応した。複数衛星の同時打ち上げにも使われる。低軌道に7・8トン、静止トランスファー軌道に2・67トンの打ち上げ能力をもつ。

このように長征2号、3号、4号はいくつものヴァリアントが開発され、多様な打ち上げ要求に応えてきた。中国宇宙開発の発展に大きな役割を果たしてきたが、もともとは1980年代はじめに登場したミサイル、東風5号をベースにしたロケットである。先進的なミッションや商業打ち上げ市場で他国のロケットと競争するには、性能が不足してきた。

こうして2000年代初頭に、次世代の長征ロケットを開発する計画が始まった。当初の構想は、直径が2・25m、3・35m、5・0mの3種類の機体を開発し、新型エンジンYF－100とYF－77を組み合わせることにより、軽量級から重量級のペイロードまで、多様な打ち上げ要求に応えられるファミリーをつくりあげるというものであった。長征5号はそのようなファミリーの名称であった。しかしその後、長征5号は直径5・0mの機体を用いる重量級ロケットの名称となった。軽量級のロケットは長征6号、中量級は長征7号とよばれることになった。

3種類のロケットに分かれたものの、長征5号、6号、7号の間では機体やエンジンを共通して使う方針は維持された。これによって、ロケット生産の効率化やコ

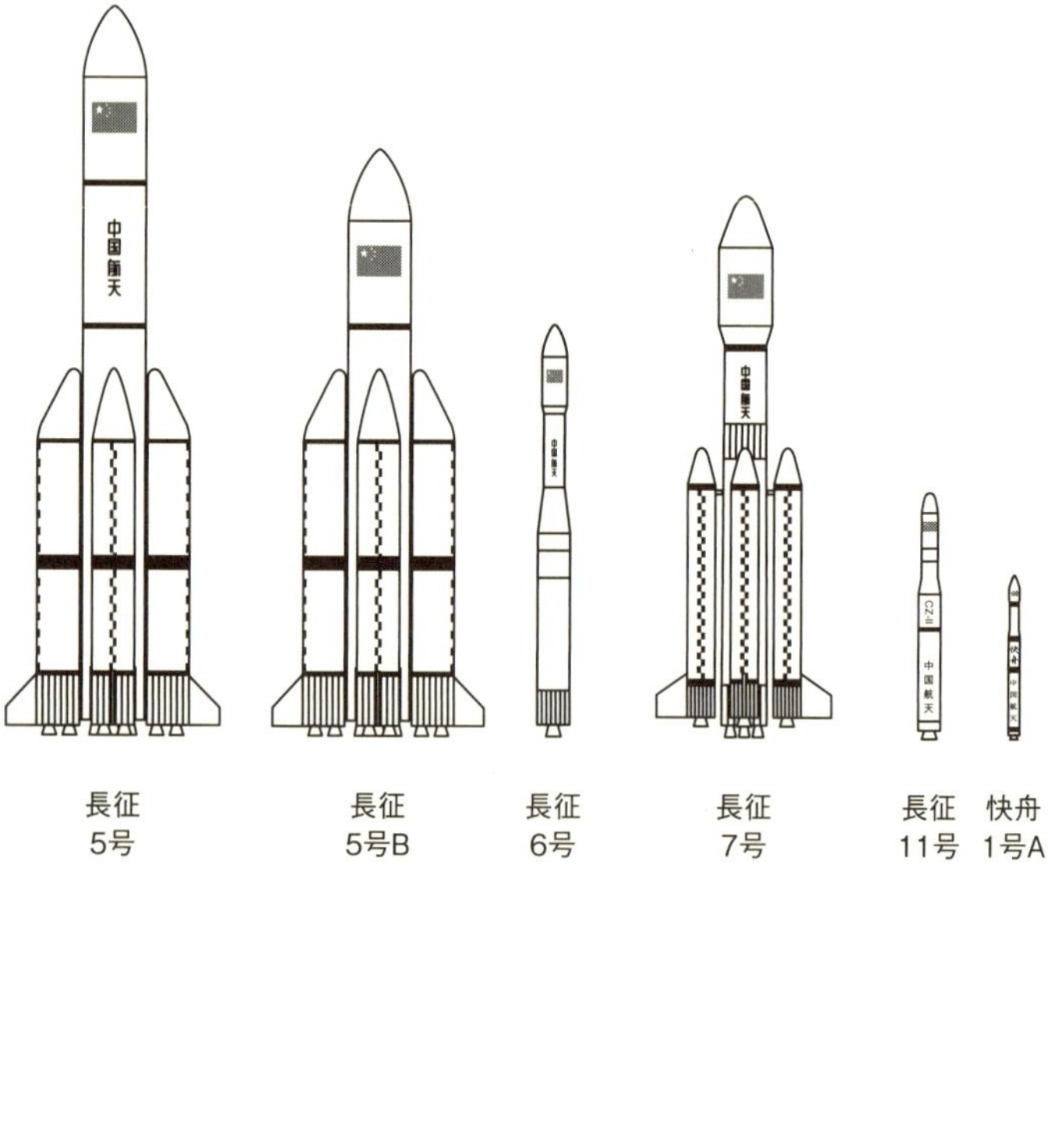
長征
5号
長征
5号B
長征
6号
長征
7号
長征
11号
快舟
1号A

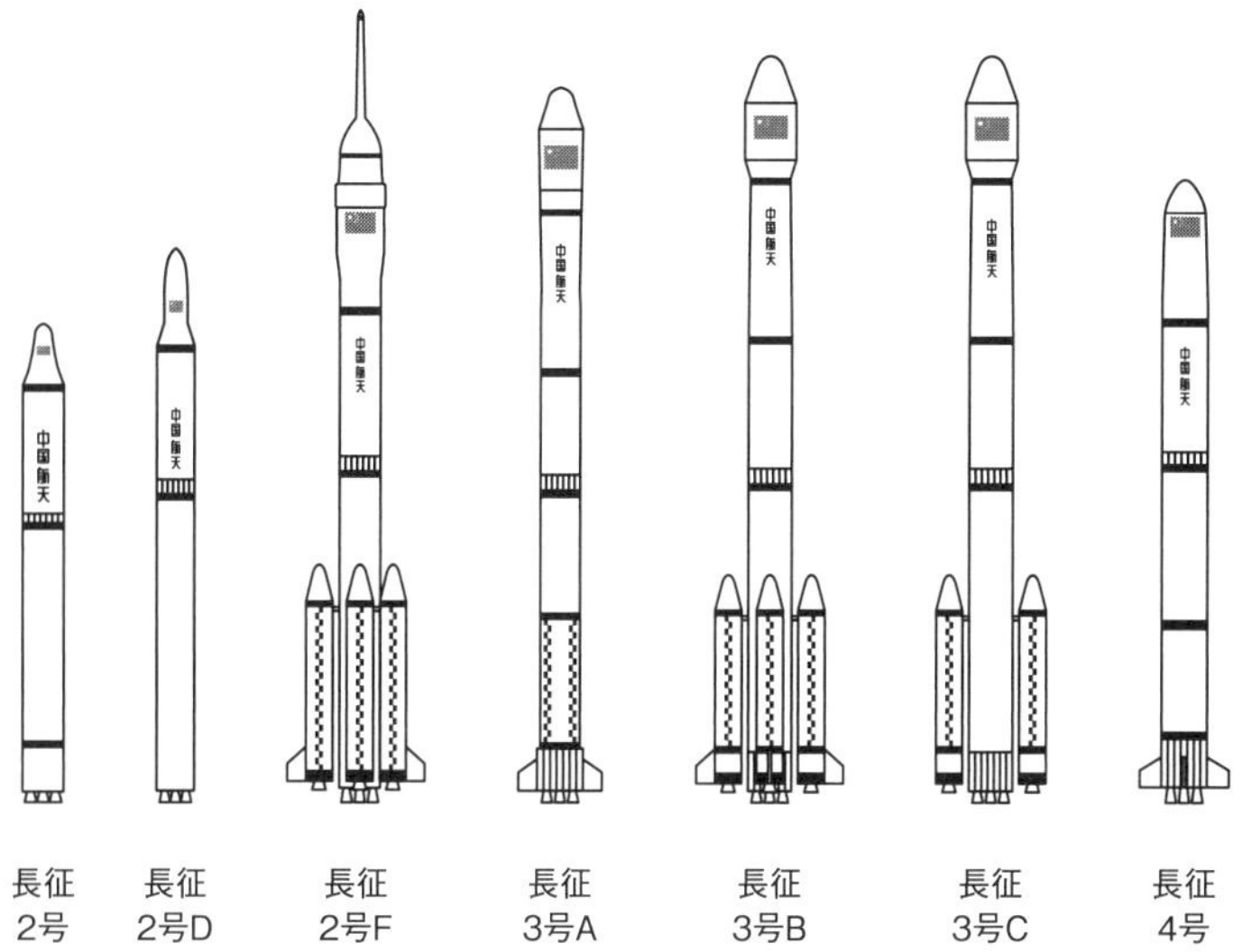

長征ロケット・ファミリーのサイズ比較

スト低減がはかられる。

新しい長征ロケットの開発には、もう1つ大きな課題があった。ロケットの燃料をヒドラジンから液体水素やケロシン（灯油）に替えることである。それまでの長征ロケットはミサイルから派生しているため、常温で長期保存が可能な液体燃料であるヒドラジンを使用してきた。しかし、ヒドラジンには毒性が強いという問題がある。1996年の長征3号Bの初打ち上げでは、ロケットは発射直後にコントロールを失い、近くの村に墜落した。このとき、爆発だけでなく、ヒドラジンによっても多くの被害が出たといわれている。そこで、液体水素やケロシンという「無公害」燃料を採用することが大きな課題となったのである。

新たな長征ロケット・ファミリー

長征5号（CZ-5）

長征5号の開発は中国運載火箭研究院（CALT）が行い、上海航天技術研究院（S

ＡＳＴ）も一部を担当した。長征５号に使われるＹＦ－１００の開発を行ったのは、航天推進技術研究院（ＡＡＬＰＴ）である。ＹＦ－１００はロシアのＲＤ－１２０エンジンをベースに開発された。ＲＤ－１２０は１９８０年代に登場したエンジンだが、現在もロシアのゼニット・ロケットの第２段に使用されている。燃料はケロシン、酸化剤は液体酸素である。

ケロシンを燃料とする大型エンジンの開発は中国にとってはじめてであり、開発は難航した。２０１２年、ＹＦ－１００は２００秒間の燃焼試験に成功し、開発が完了した。

ＹＦ－77は燃料が液体水素、酸化剤が液体酸素のエンジン（液酸液水エンジン）である。航天推進技術研究院傘下の北京航天動力研究所（ＢＡＰＩ）が開発を担当した。同研究所はＹＦ－73、ＹＦ－75という液酸液水エンジンを開発した経験はあるが、ＹＦ－77ははるかに強力な推力をめざすエンジンである。ＹＦ－77の開発も難航したが、２００７年に開発が完了した。

長征５号は全長５７・７ｍ、重量８６７トン。第１段は直径５・０ｍで、ＹＦ－

77エンジン2基が搭載されている。第1段に4本のブースターが装着される。ブースターはそれぞれが直径3・35m、2基のYF－100エンジンで推進される。第2段は直径5・0mで、2基のYF－75Dエンジンによって推進される。YF－75Dは長征3号の第3段に使われているYF－75の改良型で、推力がアップし、複数回の着火が可能となった。

長征5号は太陽同期軌道に15トン、静止トランスファー軌道に13トンの打ち上げ能力があるとされている。

長征5号Bは低軌道用のバージョンで、長征5号の第1段およびブースターからなる。全長53・7m、重量837トン。低軌道に23トンのペイロードを運搬できるとされている。中国の宇宙ステーションの建設になくてはならないロケットである。

長征7号（CZ－7）

長征7号の開発は中国運載火箭研究院（CALT）が行った。長征7号は2段式で、長征5号のブースターである直径3・35mの機体をコア・モジュールに使用している。第1段のエンジンはYF－100が2基である。4本のブースターは直径2・25mで、それぞれにYF－100エンジンが1基ついている。第2段は4基のYF－115エンジンによって推進される。YF－115は航天推進技術研究院（AALPT）傘下の西安航天動力研究所（XAPI）で開発されたエンジンで、YF－100よりも推力が小さい。全長は53・1m、重量は594トン。低軌道に13・5トン、太陽同期軌道に5・5トンの打ち上げ能力をもつ。

長征7号はミディアムクラスの多様なペイロードに対応し、今後、長征ロケット・ファミリーの主力となるロケットである。また、長征2号Fの後継ロケットとして、神舟宇宙船や天舟補給船の打ち上げにも使用される。

長征7号は今後、打ち上げ用途に応じて、いくつものタイプが登場すると考えられる。現在、中国運載火箭研究院で検討しているタイプは、長征734と長征720である。長征734は長征7号に長征3号Aの第3段を載せたものである。静止トランスファー軌道に7トンの打ち上げ能力をもつとされる。長征720は、長征7号の第1段に長征3号Aの第3段を載せた2段式で、ブースターを装着しない。

太陽同期軌道に2・9トンの打ち上げ能力をもつという。

長征6号（CZ－6）

長征6号はより小型のペイロードを打ち上げるためのロケットで、上海航天技術研究院（SAST）が開発した。

第1段は直径3・35mのモジュールを使っている。エンジンはYF－100が1基である。第2段は直径2・25mのモジュールを使っている。エンジンはYF－115が1基である。2015年の最初の打ち上げでは、これにヒドラジンを燃料とする4基のスラスターからなる第3段が追加されており、20個の小型衛星を軌道に投入した。

長征6号は、きわめて短い期間で打ち上げを行うことができるのが特徴である。長征6号は全長30mとサイズが小さい。重量も103トンである。このため、工場ですべて組み立てた後に、列車で発射センターに運ぶことができる。センター到着後、打ち上げ前の整備・点検作業を終えたら運搬車で発射台まで運び、垂直に起立させる。推進剤注入や最終点検も簡単に行うことができ、大規模な整備塔は必要ない。組み立て開始から打ち上げまでを1週間で行える。

2015年に打ち上げられた長征6号の打ち上げ能力は太陽同期軌道に1・08トンであったが、より打ち上げ能力の高いタイプも開発中とのことである。長征6号Aは直径2mの固体燃料ロケットブースター2本を装着するという。これによって太陽同期軌道に4トンのペイロードの打ち上げが可能で、さらに上段ロケット「遠征1号」を追加すれば、小型のペイロードを静止軌道や太陽系空間に送りこむことも可能だという。

その他のロケット

中国では、すでに長征8号も開発中である。また、長征11号と快舟はすでに打ち上げ実績がある。

長征8号（CZ－8）

長征7号の4本のブースターを、より小型の固体燃料ロケットブースターにしたものである。長征5号の当初の構想から現在の長征5号、長征6号、長征7号が誕生したわけだが、長征8号はその4番目のバージョンと考えられ、共通したモジュールやエンジンが使われる。

長征8号は主に衛星商業打ち上げを目的としたロケットで、太陽同期軌道に3・5トンの打ち上げ能力をもつ。国際競争力をもたせるため、打ち上げコストの低減、ユーザーの多様な需要に対応できる柔軟な打ち上げ能力が重視されている。2020年に登場するとみられており、これまで長征4号Bや長征4号Cが担っていた役割を果たすことになる。

長征11号（CZ－11）

長征11号は、長征ロケットのシリーズ中、はじめての固体燃料ロケットである。中国運載火箭研究院が開発した。2015年に初打ち上げに成功している。固体燃料ロケットであるので、打ち上げを迅速に行うことができる。

長征11号は大陸間弾道ミサイル「東風31」（ＤＦ－31）をベースにしている。東風31は３段式で全段固体燃料である。これに固体燃料の第４段が追加されている。全長20・８ｍ、直径２ｍである。打ち上げ能力は低軌道に７００kg、太陽同期軌道に３５０kg。輸送起立発射機（ＴＥＬ）とよばれる大型トレーラーで移動後、起立させて発射する方式なので、特別の発射台を必要としない。災害時や有事の際に小型衛星を打ち上げる即応力の保持を考えているとみられる。

快舟（KZ）

快舟は中国航天科工集団公司の中国三江航天集団（九院、０６６基地）によって開発された。衛星攻撃用ミサイルＳＣ－19と同じく、準中距離弾道ミサイルＤＦ－21をルーツにもつロケットである。ＳＣ－19は２００７年の衛星破壊実験に用いられた（詳細は第７章）。なお中国三江航天集団は２０１１年に旧四院と合併し、現在は中国航天科工運載技術研究院（四院）となっている。

快舟は4段式で、第1段から第3段までが固体燃料ロケット、第4段は液体燃料ロケットで、ペイロードと一体化させる方式がとられている。2013年と2014年に地球観測衛星の打ち上げに成功している。

全長約20m、第1段と第2段の直径は1・4m、第3段と第4段の直径は1・2m。太陽同期軌道に430kgの打ち上げ能力をもつ。打ち上げは輸送起立発射機によって行う。長征11号と同じように、有事の際に小型衛星を打ち上げる即応力が一番の目的と考えられる。

今後、3種類のタイプが登場する予定である。

快舟1号A（KZ－1A）は「飛天1号」ともよばれるロケットである。快舟と基本的に同じで、2017年1月に初打ち上げを行った。

快舟11号（KZ－11）は、直径2・2mで、太陽同期軌道に1トンの打ち上げ能力をもつ。現在、中国の衛星商業打ち上げ事業は中国航天科技集団公司傘下の中国長城工業総公司の独占となっているが、中国航天科工集団公司はこの快舟11号で商業打ち上げに参入しようとしている。2017年に初打ち上げの予定である。

快舟21号（KZ－21）は、現在開発中の直径3・0mの固体燃料ロケットを使う予定といわれる。

ロケットの発射施設

ロケットの発射センター、人工衛星の追跡管制局、全世界をカバーする追跡ネットワークは、人民解放軍装備発展部の指揮下にある。以下、それらの施設について紹介する。

酒泉衛星発射センター（JSLC）

甘粛省酒泉市は古くからシルクロード、河西回廊の都市として栄え、いくら汲んでもつきない酒の泉の伝説から、その名が付けられたといわれている。観光地として知られるこの都市の北東約200㎞に、酒泉衛星発射センターがある。1958年にソ連の援助で建設されたミサイル実験場以来の歴史をもつ、中国で一番古い発

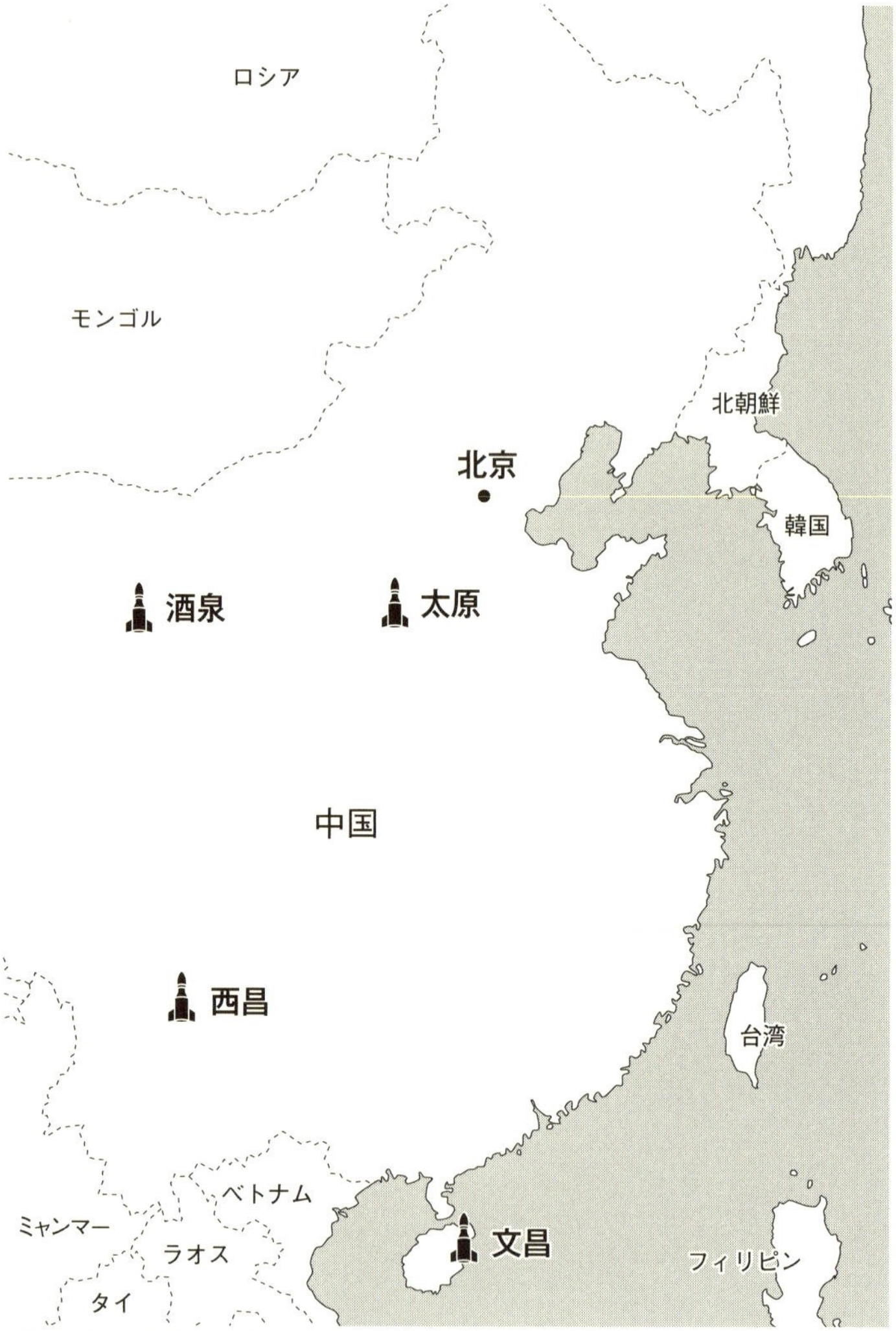

中国の打ち上げ基地（酒泉、西昌、太原、文昌）

射センターである。この場所は「東風航天城」あるいは「20基地」ともよばれていた。最初は地対空ミサイルの実験が行われていたが、その後、東風ミサイルや長征ロケットのための発射台が建設された。衛星の打ち上げ場所として世界に知られるようになると、この場所は酒泉衛星発射センターとよばれるようになった。

酒泉衛星発射センターは甘粛省ではなく、内モンゴル自治区との境を越えた、内モンゴル自治区阿拉善盟《アルシャンアイマグ》の額済納旗《エジナホショー》地区にある。酒泉市からは200㎞も離れているにもかかわらず、発射センターに酒泉の名がついたのは、東西冷戦下において、ここの正確な位置を知られたくなかったからであろう。ソ連のバイコヌール宇宙基地は、チュラタムという鉄道駅と数棟のバラックしかない場所に建設されたが、その名称には500㎞も離れたバイコヌールという町の名が使われた。酒泉衛星発射センターの名称も同じような考えにもとづいていたとみられる。

現在、ここは人民解放軍装備発展部直属の第20試験訓練基地となっている。

酒泉衛星発射センターはゴビ砂漠の南の乾燥した地域にある。草木がほとんど生えていない平原が地平線までつづく風景は、バイコヌール宇宙基地を彷彿《ほうふつ》とさせる。

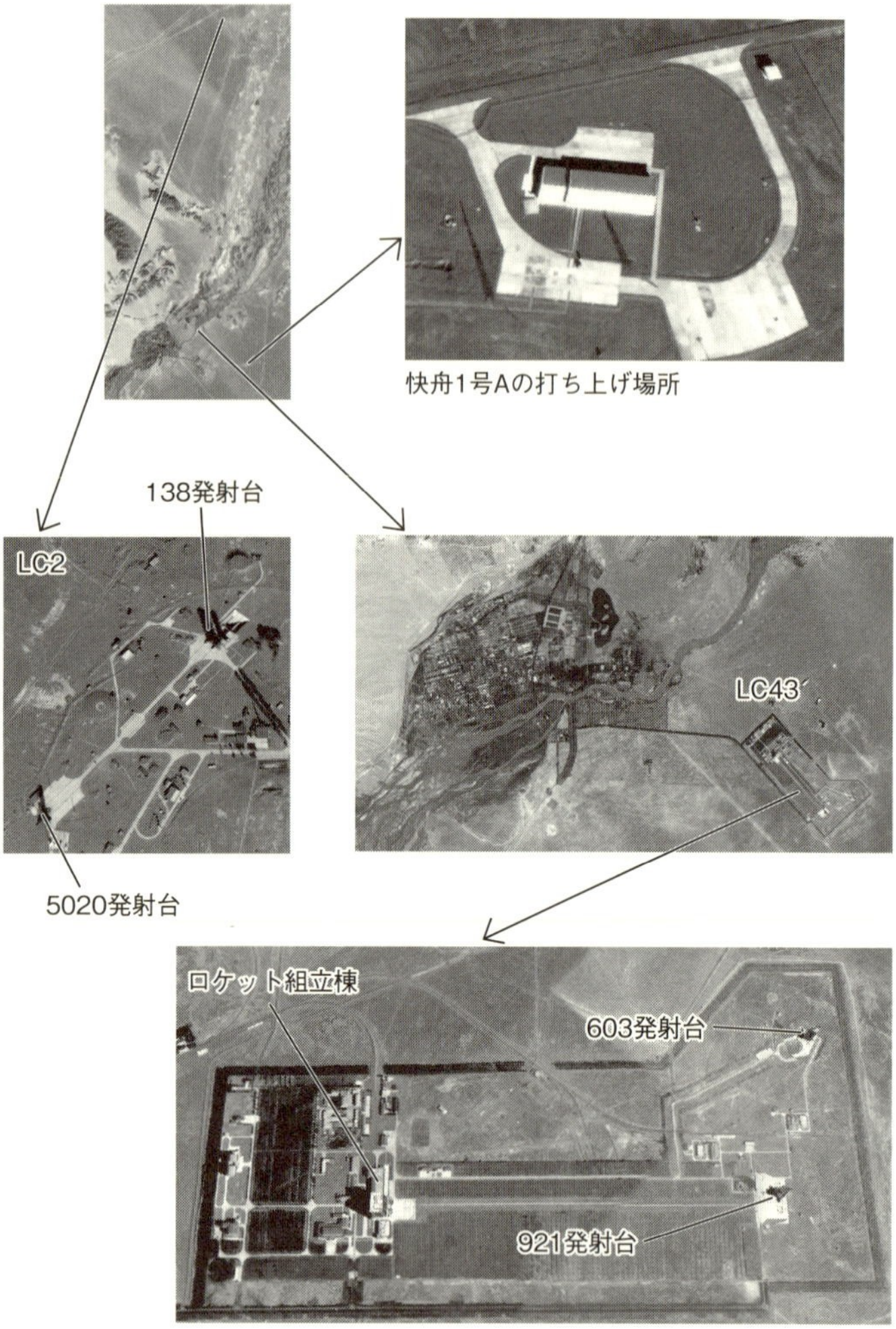

酒泉衛星発射センター

Google Earth

中国初の人工衛星、東方紅1号はここから打ち上げられた。現在は、有人宇宙船、神舟の打ち上げ場所として知られている。

長征ロケットは北京から鉄道で運ばれてくるが、宇宙飛行士は北京から鼎新双城子《ディンシンシュアンチォンズ》空軍基地まで飛行機で移動する。この空軍基地は酒泉市の北東約１４０㎞に位置し、新型航空機の試験やパイロットの訓練基地として知られている。中国のステルス戦闘機、殲《ジィエン》20の飛来も確認されている。西側の情報機関は、かつて酒泉衛星発射センターやミサイル実験場自体を「双城子ミサイル宇宙センター」とよんでいた。

鼎新双城子空軍基地から「航天路」とよばれる道路を北東に約60㎞走ると酒泉衛星発射センターに到着する。神舟宇宙船も北京の工場から鼎新双城子空軍基地まで空輸され、ここから陸路で酒泉衛星発射センターに運ばれる。「航天路」はさらに北に伸び、額済納旗中心部に達している。

神舟宇宙船を搭載した長征2号Fが発射されるサイトLC43（南サイト）は、センターの1番南に建設されている。ここには2つの発射台、921発射台と603発射台がある。

921発射台は長征2号F用で、「921」はもちろん「921計画」を意味している。ここはまた「神舟発射台」ともよばれている。長征2号Fと神舟宇宙船は高さ86mの巨大な垂直組立棟で組み立てられる。この組立棟は2基のロケットを同時に組み立てることが可能である。組立棟から921発射台までは幅20mのレールが敷設されており、組み立てを終えた長征2号Fは移動式発射台によって垂直のまま発射台に運ばれる。発射台までの距離は1・5㎞。移動には約1時間がかかる。

603発射台は長征2号C、長征2号D、長征4号Bによる低軌道への衛星打ち上げに使われている。ロケットの組み立ては長征2号Fと同じ垂直組立棟で行われる。

LC43は現在、酒泉衛星発射センターで使われている唯一のサイトである。

2017年1月に打ち上げられた快舟1号Aの発射位置は、LC43の東の地点とみられる。

LC43の北東に、1960年に設置された発射施設LC3（3号発射基地）があった。

ＬＣ３は短距離・中距離ミサイルの実験に用いられたが、１９６０年代末に使われなくなった。整備塔などの施設はなく、運搬車でミサイルを運びこみ、打ち上げを行う場所であった。

ＬＣ43の北には、すでに使われなくなったＬＣ２（2号発射基地）がある。

ＬＣ２の５０２０発射台は中距離弾道ミサイル、東風４号の発射実験に用いられた他、長征１号が東方紅１号を打ち上げるのにも使われた。ＬＣ２の１３８発射台は大陸間弾道ミサイル、東風５号の発射実験のために設置され、その後、長征２号Ｃや長征２号Ｄの打ち上げに使われた。発射台や整備塔は今も残されており、中国の宇宙開発の記念碑として、センター内をまわる観光ツアーの対象になっている。

ＬＣ43の西６・５㎞には東風航天城とよばれる町がある。ここには発射センターの本部、基地関係者の住居などの他、宇宙飛行士が滞在する施設「問天閣」がある。宇宙飛行士は問天閣で準備を整え、発射台に向かう。

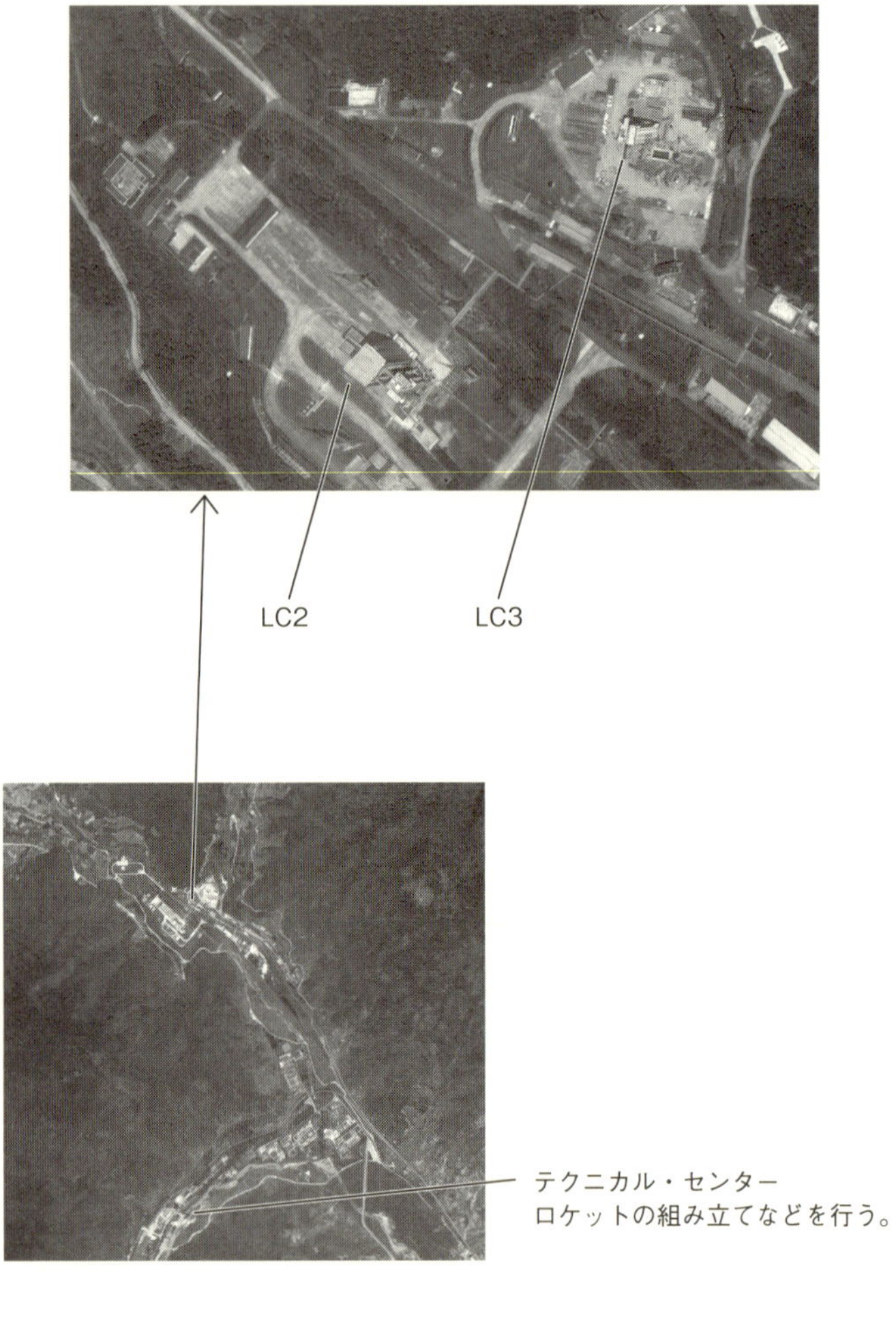

西昌衛星発射センター　　Bing Map

西昌衛星発射センター（ＸＳＬＣ）

西昌衛星発射センターは四川省西昌市から北西約60㎞に位置する。建設がはじまったのは１９７０年で、背景には前にも述べた「三線建設」があった。１９６０年代、中ソ対立がはげしくなり、１９６４年にはトンキン湾事件が発生してアメリカはベトナム攻撃を開始する。毛沢東はソ連やアメリカとの持久戦に備えるため、工業を大都市や沿岸部から内陸部に移転・分散させる方針を発表した。これが三線建設である。一線が沿岸部、二線はその内側、さらにその内陸部が三線である。

酒泉衛星発射センターはモンゴルとの国境から数百㎞しか離れていない。そのため、内陸部に新しい衛星発射センターが必要とされたのである。

西昌衛星発射センターは山間の峡谷にあり、いかにも三線建設によって選ばれた立地条件といえる。峡谷は北西から南東方向に向いており、鉄道と道路が通っている。その両側に２つの発射台、ＬＣ３とＬＣ２が配置されている。

西昌衛星発射センターは主に静止軌道への衛星打ち上げに使われている。人工衛星の軌道投入には地球の自転力を利用するため、東向きに打ち上げる。緯度が低いほど自転力を利用できる。静止軌道への投入には多くのエネルギーを使うので、緯度が低いほど有利である。西昌衛星発射センターは北緯28度にある。

ＬＣ３発射台は１９８４年に長征３号による最初の打ち上げが行われた。２００７年に改装された。２つめの発射台ＬＣ２は１９９０年に長征２号Ｅによる初打ち上げが行われた。

西昌衛星発射センターからは月探査機「嫦娥」も打ち上げられている。

太原衛星発射センター（ＴＳＬＣ）

太原衛星発射センターは山西省太原市の北西約２８０㎞に位置する人民解放軍の第25試験訓練基地である。北、東、南を山に囲まれた山間地で、西側には黄河が流れている。標高は１５００ｍ。25基地は１９６０年代後半にＩＣＢＭ（大陸間弾道ミサイル）やＳＬＢＭ（潜水艦発射弾道ミサイル）の実験場として設置された。20基地（酒泉）よりも射程の長い実験を行うための基地である。

ＬＣ７はここに最初に作られた発射台で、１９８８年に長征４号Ａによって初打

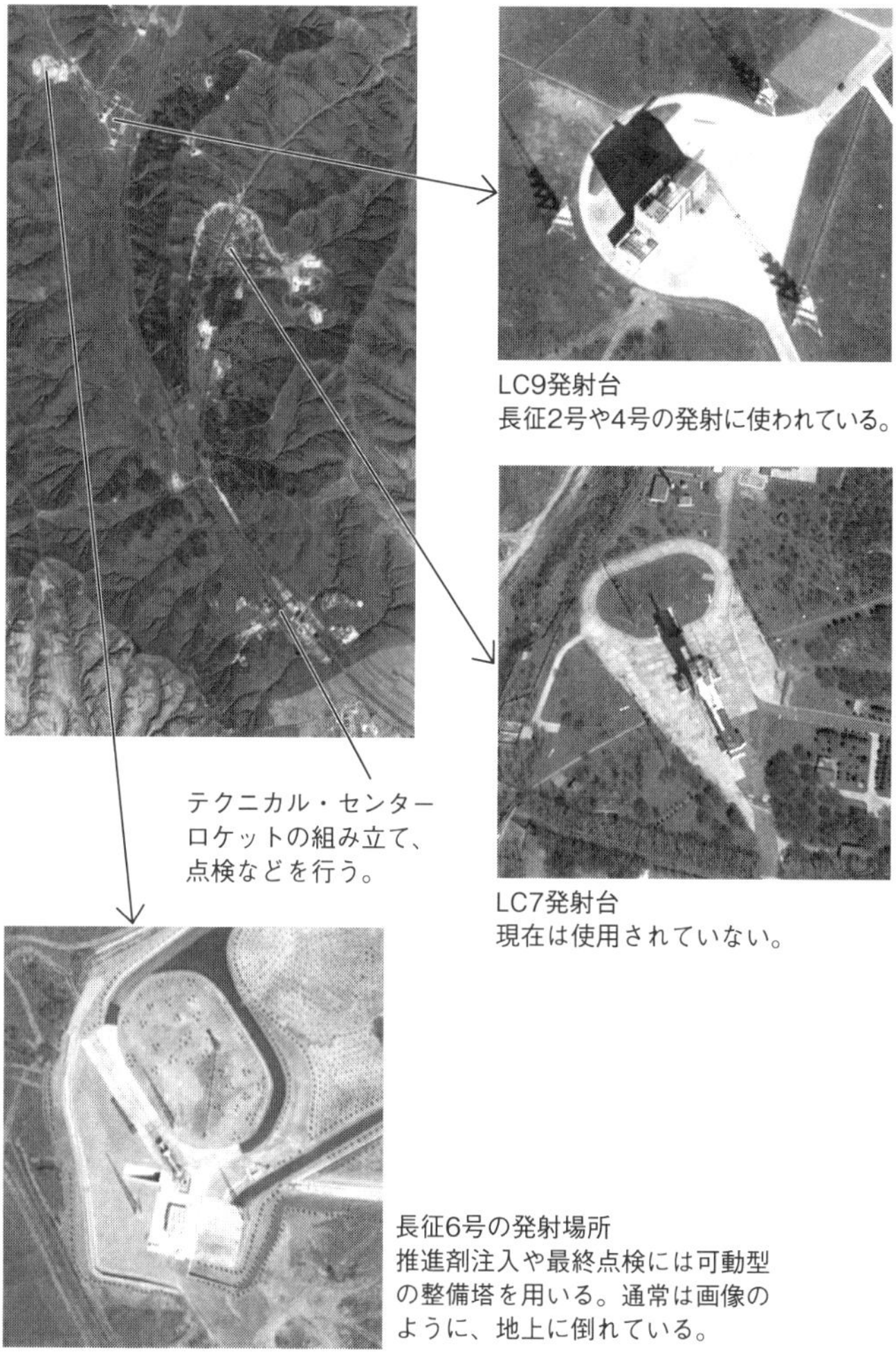

LC9発射台
長征2号や4号の発射に使われている。

LC7発射台
現在は使用されていない。
長征6号の発射場所
推進剤注入や最終点検には可動型
の整備塔を用いる。通常は画像の
ように、地上に倒れている。

太原衛星発射センター　Google Earth

ち上げが行われた。この発射台は２００８年まで使用され、長征２号Ｃや長征４号Ｂによる打ち上げが行われた。ＬＣ９は２００８年から使われている発射台で、長征２号Ｃ、長征４号Ｂ、長征４号Ｃの打ち上げに使われている。

長征６号の発射場所は、ＬＣ９の奥に設置されている。長征６号は非常に簡単に打ち上げられるのが特徴で、発射場所は非常に簡素である。推進剤の注入や電力供給を行うアンビリカル・タワーは通常は地上に倒れており、打ち上げ時に垂直に起立する可動式になっている。

太原衛星発射センターは、主に地球を南北にまわる極軌道衛星の打ち上げに使われている。極軌道は地球観測衛星や偵察衛星が使う軌道である。

ここには、酒泉衛星発射センターと西昌衛星発射センターから打ち上げられたロケットを追跡する地上局もある。

文昌衛星発射センター（ＷＳＬＣ）

文昌衛星発射センターは海南島に建設された中国の新しい衛星発射センターであ

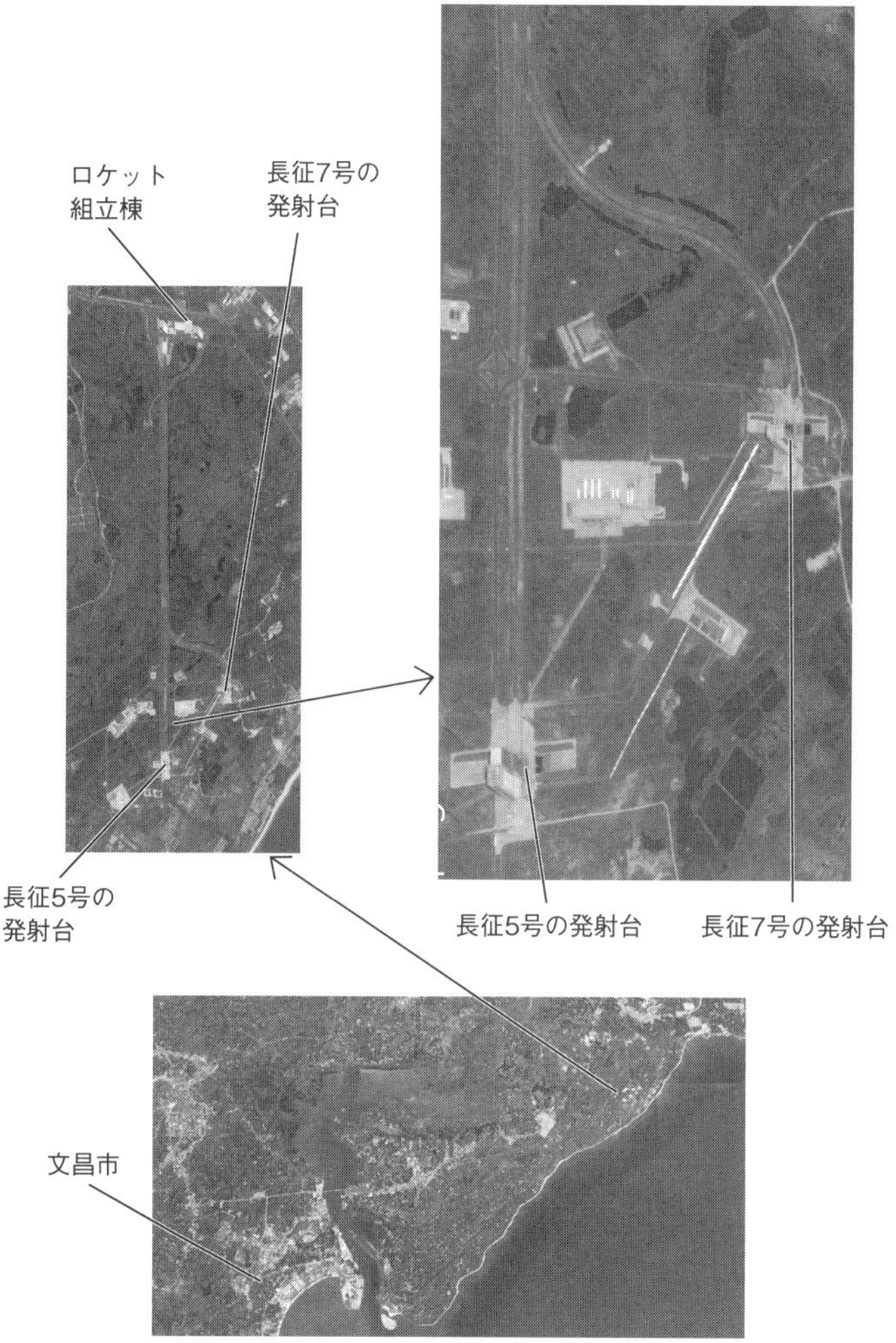

文昌衛星発射センター　Google Earth

る。長征5号と長征7号はここから打ち上げられる。宇宙ステーション建設や月・火星探査のための発射センターであり、近い将来、宇宙飛行士もここから旅立つことになる。中国の21世紀の宇宙港といえる。ここには、荒涼とした乾燥地や山間の奥深くに建設された冷戦時代の衛星発射センターの雰囲気はない。将来は多くのツアー客が見学に訪れるであろう。

発射センターは、海南島北東部の文昌市から北東に20㎞離れた沿岸部に位置している。北緯19度に位置しており、静止衛星の打ち上げにも適している。西昌衛星発射センターからの打ち上げに比べ、同じ能力のロケットであれば、10~15%重いペイロードを打ち上げられる。静止軌道投入のための燃料も少なくて済むので、衛星の寿命は約3年延びるという。建設工事は2009年に開始され、2015年にほぼ完成した。先に述べたように、2016年に長征7号と長征5号の初打ち上げが成功している。西昌衛星発射センターの打ち上げ機能は漸次、文昌衛星発射センターに移行していく。

長征5号は直径が5mもある。長征ロケットはこれまで、工場から発射場まで列車で運ばれてきたが、列車での運搬は直径3・35mが限界である。そのため、長征ロケット5号の製造工場は天津市に設置され、ここで製造されたコンポーネントは天津港から9000トンの専用運搬船、遠望21号と遠望22号によって、海南島の清瀾港に運ばれことになった。ここからは陸路で文昌衛星発射センターまで運ばれる。

長征5号ロケットは高さ約100mの巨大なビルディング、501組立棟で組み立てられ、長征5号用の101発射台までは、垂直のまま移動発射台で移動する。組立棟から発射台までは2・8kmあり、幅20mのレールが敷かれている。発射台に到着するまで約3時間かかる。発射台には鉄骨と鉄筋コンクリート製の整備塔が直立している。

長征7号は、501組立棟と共通の試験整備棟を挟んで設置された502組立棟で組み立てられる。502組立棟の高さは97mである。長征7号用の201発射台までの移動には101発射台へのレールが使われ、途中で左に分岐するようになっている。

文昌衛星発射センターの本部、職員の宿泊施設などは海南省の省都、海口市に置かれている。

西安衛星測控センター（ＸＳＣＣ）

中国は衛星の追跡管制のためのネットワークを展開している。陝西省西安市に設置されている西安衛星測控センターは、中国が打ち上げた衛星の追跡管制を行うための施設である。衛星の追跡管制局は最初、酒泉衛星発射センターに設置され、その後、陝西省渭南に移設され、さらに西安に移設された経緯がある。

中国衛星発射測控系統部（ＣＬＴＣ）

中国の４カ所の衛星発射センターや全世界に展開する衛星追跡管制ネットワークは、人民解放軍装備発展部内の中国衛星発射測控系統部の指揮下にあるといわれている。

この組織は１９８６年に人民解放軍内に設置された。しかしながら、現在、中国衛星発射測控系統部は軍から独立した国有企業とされている。世界の衛星打ち上げ市場に参入している中国長城工業総公司は自社のウェブサイトで、中国衛星発射測控系統部を「パートナー」として紹介し、海外衛星の打ち上げから追跡管制サービスまでを行うとしている。また、海外ユーザーへのプレゼンテーションでも、政府機関ではなく企業として紹介している。

とはいえ、4カ所の衛星発射センターや西安の追跡管制局は、装備発展部直属の試験訓練基地であり、これを国有企業が指揮することはあり得ない。中国の宇宙開発のインフラストラクチャーはすべて軍によって運用され、その一部が民生部門の活動としてわれわれに見える構図になっているのが現実であろう。中国衛星発射測控系統部は対外的には国有企業の顔をしているが、その実体は装備発展部そのものである。

このことは2011年にオーストラリアで問題になった。中国はそれまでに、パキスタン、ケニア、ナミビア、チリに、衛星を追跡するための地上局をもっていたが、中国衛星発射測控系統部はさらにオーストラリア西部のドンガラにある追跡センターを使用する契約を結んだ。目的は神舟8号と天宮1号のドッキングをサポートするためとされた。

　この追跡センターは、ドンガラ・イーストおよびドンガラ・ウェストという2カ所の追跡センターからなる。ドンガラ・イーストはスウェーデン宇宙公社（ＳＳＣ）が所有・運営しており、ドンガラ・ウェストはＳＳＣのアメリカの子会社ユニバーサル・スペース・ネットワークが所有・運営し、アメリカの政府と企業が利用している。中国はドンガラ・イーストを使うことになった。つまり、アメリカの追跡局のすぐとなりを中国が使用することになったのである。アメリカは中国の宇宙活動は軍事的要素が非常に強いと警戒感をもっており、中国衛星発射測控系統部を人民解放軍そのものだとみなしている。中国の軍事組織がすぐそばで活動することに、アメリカは懸念を抱いたが、オーストラリア政府はここを中国に使わせることに関して、アメリカと事前に協議していなかった。ドンガラの追跡局の契約は近年、中国がオーストラリアで影響力を拡大していることと無縁ではないと考えられる。

　なお、中国は現在ドンガラを使用していない。ＳＳＣは２０１６年12月、同社がスウェーデンのエスレンジ宇宙センターに新設したアンテナの使用に関する契約を、中国の遥感・数字地球研究所（ＲＡＤＩ）と結んでいる。

ドンガラと同じ問題は２０１５年にアルゼンチンでも起こっている。同年2月、アルゼンチン議会は、中国がパタゴニアのネウケン州に衛星追跡局を建設することを認めた。中国と親密な関係にあったクリスティーナ・フェルナンデス大統領（当時）は、それ以前からこの計画を中国側と進めており、建設工事は議会で認められる２年前に始まっていたといわれている。

ネウケン局は中国が海外に建設する最初の衛星追跡センターで、直径35ｍの大型パラボラアンテナをもつ。中国は敷地約２００haを50年間、無税で借用する契約を結んでおり、敷地内にアルゼンチンの法律が及ばないことも契約内容に入っているという。一方、中国はアルゼンチンに２０１４年に１１０億ドルを貸し付け、さらにパタゴニアに建設が計画されている２カ所の水力発電所に対する財政支援も表明している。南半球に本格的な地上局を置きたい中国と、２００１年の国家財政破たん以来、深刻な経済危機になやむアルゼンチンの思惑が一致した形である。

中国はネウケン局を主に月探査計画など平和目的に使用するとしているが、アメリカやヨーロッパからは、中国衛星発射測控系統部が運用するこの施設が軍事目的に使われるとして懸念が高まった。とくにアメリカでは警戒感が非常に強い。というのは、ネウケン局はアメリカ本土と同じ経度にあり、アメリカが運用している軍事および民生用の静止衛星の監視や干渉・攻撃が可能と考えられるからである。

中国衛星発射測控系統部は、全地球をカバーするネットワーク形成のため、地上局の他に「遠望」とよばれる追跡船も利用している。神舟宇宙船が打ち上げられる際には、アフリカ沿岸、インド洋、ニュージーランド沖、太平洋に遠望が展開する。

また、中国は２００８年にデータ中継衛星、天鏈《ティエンリィエン》を打ち上げた。天鏈は神舟宇宙船と地上との交信に使用されている。

第4章
さまざまな人工衛星とそのミッション

２０１6年12月28日、地球観測衛星、高景1号が太原衛星発射センターから長征2号Dで打ち上げられた。これで２０１6年に中国は合計22回の衛星打ち上げを行ったことになる。9月1日に行われた長征4号Cによる高分10号の打ち上げは失敗したものの、それ以外の21回は成功。その中には天宮2号、および神舟11号の打ち上げが含まれる。

中国の年間打ち上げ回数は２０１０年以降増えており、２０１１年、２０１２年、２０１５年には19回の打ち上げが行われた。しかし20回を超えたのは２０１６年が最初である。特に11月は4回、12月は3回という過密スケジュールであった。

２０１７年1月末現在で、長征ロケットによる打ち上げ回数は２４５回である。中国ではこれ以外に１９７０年代に風暴ロケットによって6回の打ち上げが行われている。また、快舟ロケットによる打ち上げも3回行われている。１９７０年の長征1号による東方紅1号打ち上げ以来、２０１６年末までに合計２５４回の打ち上げが行われたことになる。これらのロケットによって打ち上げられた衛星数は、有人宇宙船や月探査機を除いて２８０機を超えている。２０１７年1月末現在で、１

81機（ブラジルと共同のCBERS4を含む）が軌道上にある。そのうち約130機が運用中と考えられる。

中国がこれまで打ち上げた多数の衛星の中から、主な衛星を紹介する。

地球観測衛星

地球観測衛星は可視光および近赤外の領域で観測を行う光学衛星と、電波で観測を行うSAR（合成開口レーダー）衛星に分けられる。光学センサーは高い解像度が得られるが、昼間の雲のない領域しか観測できない。SARは雲があっても、夜間でも観測が可能である。

地球観測では地表面の変化を継続的に観測することが重要である。そのため、地球観測衛星は「太陽同期準回帰軌道」をとるものが多い。この軌道では、衛星が何日かして同じ場所の上空に戻ってきたとき、地上は同じ時刻（地方時）になる。太陽光の角度がほぼ一定なので、地球表面を同一条件で観測することが可能になるわけ

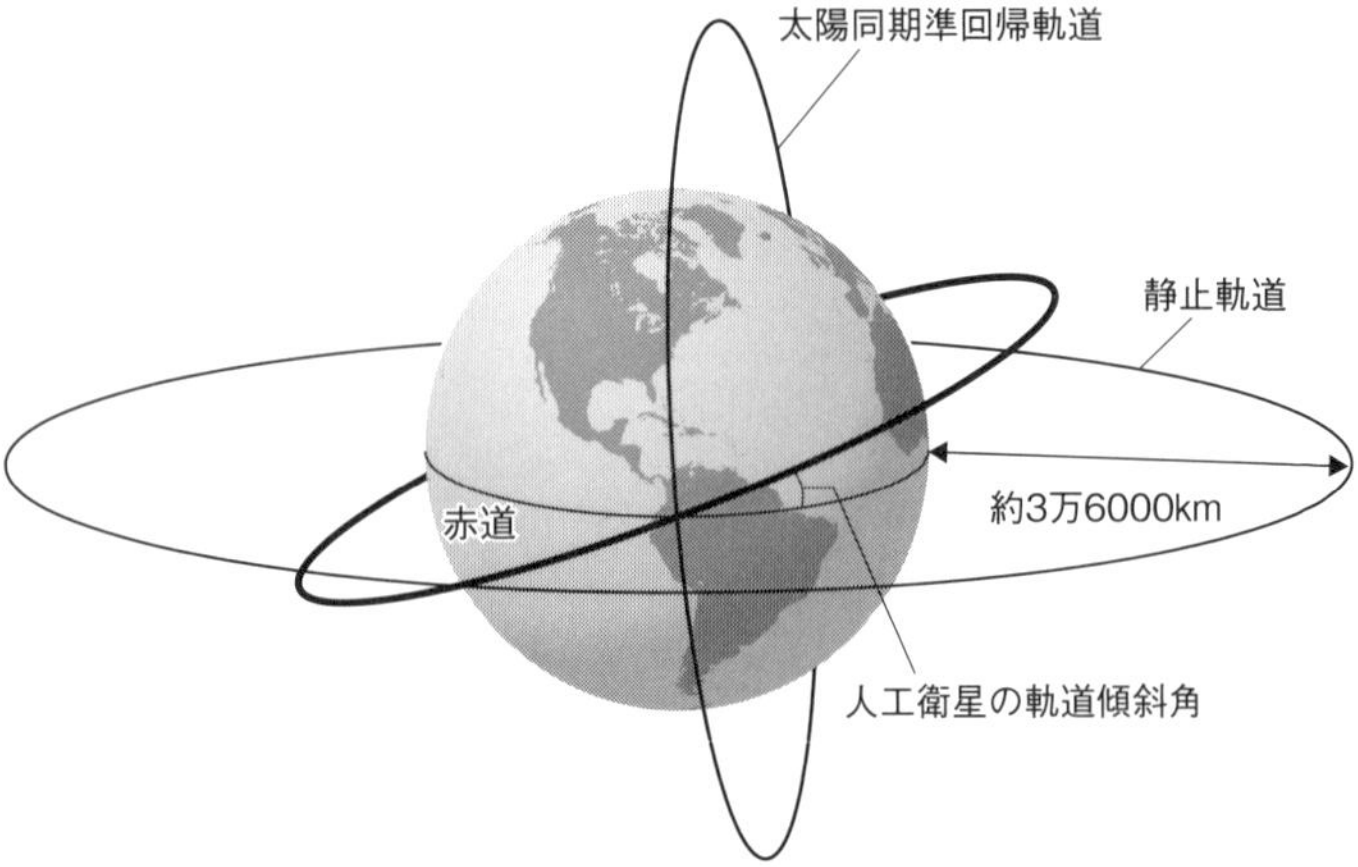

人工衛星の軌道

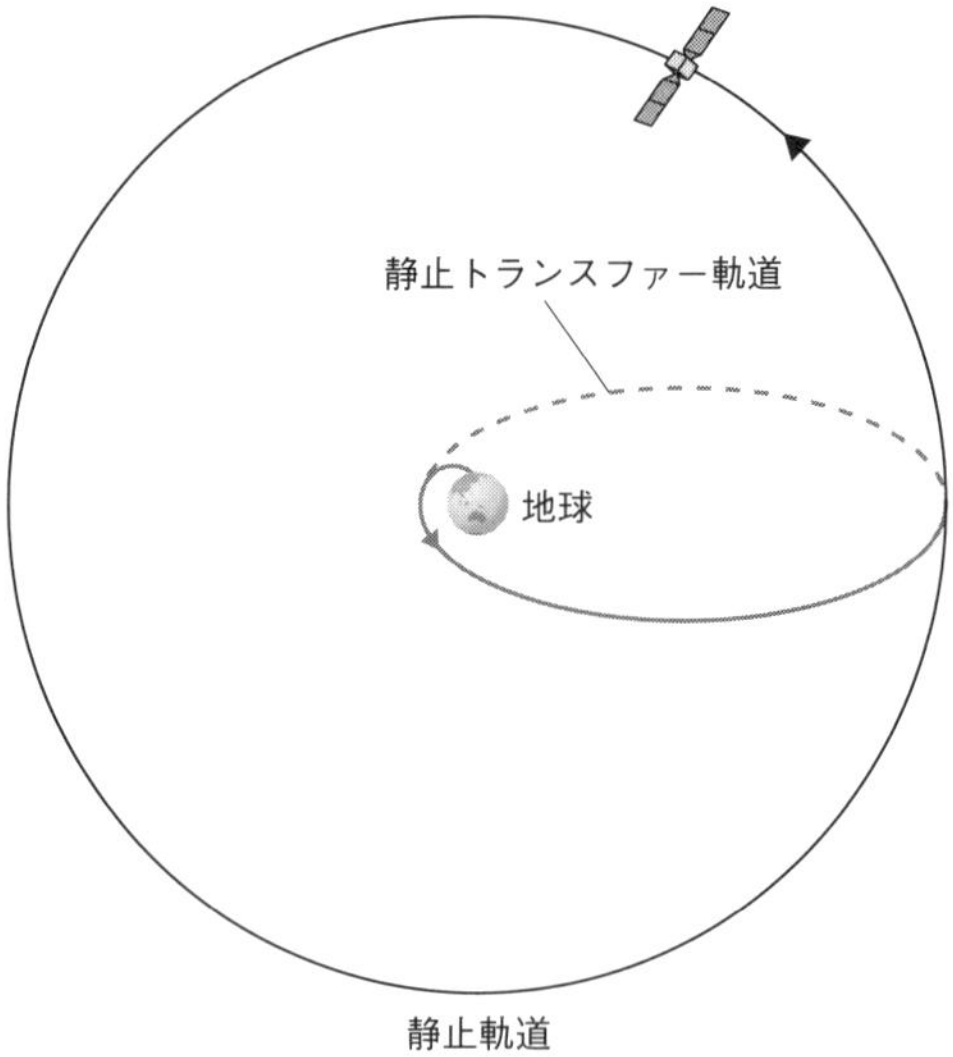

静止軌道

静止軌道と静止トランスファー軌道。静止軌道とは高度3万6000kmの軌道のこと。この軌道上の衛星は地上からは静止して見えるため、この名がある。静止衛星はまず細長い楕円軌道（静止トランスファー軌道）に打ち上げられる。地球から最も遠いポイント（遠地点）でエンジンを噴射し、円軌道（静止軌道）に入るである。

最近では、大型の衛星1機ではなく、小型の衛星のコンステレーション（多数の衛星を1つのシステムとして運用する）で高頻度の観測をする方式もある。

中国の地球観測衛星の場合、民生目的であっても、軍がデータを利用する「デュアルユース」になっている。また、「遥感《ヤオガン》」とよばれる地球観測衛星シリーズは、資源探査や農業、環境、防災など民生目的の観測を行っているとされ、日本でもそのように紹介されることがあるが、実際は偵察目的の軍事衛星であるので、軍事衛星の項で説明する。

資源《ズーユエン》

資源は中国の初期の地球観測衛星シリーズである。ブラジルと共同で開発した資源観測衛星、CBERS1、CBERS2、CBERS4が打ち上げられている。中国での名称は資源1号01、資源1号02、資源1号02Bである。

資源1号02Cはブラジルと共同ではなく、中国独自の衛星であった。資源2号は

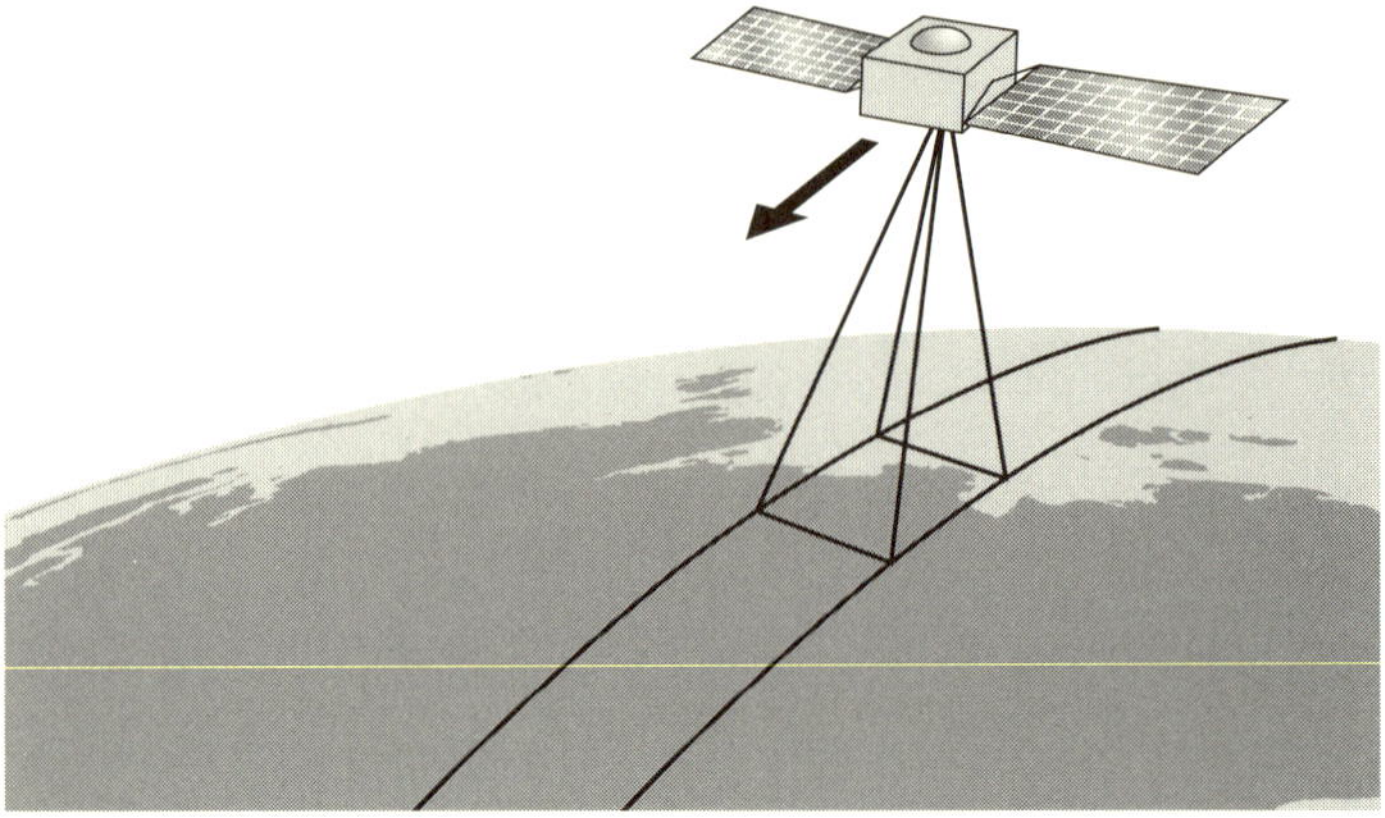

地球観測衛星によるリモートセンシング。地球観測衛星は地球をまわりながら、地表面を帯状に観測していく。地上の物体をどのくらい細かく見分けられるかの度合いを分解能という。分解能が1mという場合、1m×1mまでのものを見分けることができる

３機が、資源３号は２機が打ち上げられている。

高分《ガオフェン》

「高分」とは高分解能のことで、地球を高解像度で観測する計画にもとづき命名されている。民生用の計画だが、軍事目的とする指摘もある。地球観測技術を発展させるために国防科技工業局が推進する中国高解像度地球観測システム（ＣＨＥＯＳ）の下に開発が行われている。

　高分は２０１３年に打ち上げがはじまり、これまでに１号、２号、３

号、４号、８号、９号が打ち上げられた。10号は２０１６年9月1日に打ち上げられたが、軌道投入に失敗している。

高分は軌道や搭載するセンサーがそれぞれ異なっている。

高分1号と高分2号は光学衛星である。高分1号は２０１３年に打ち上げられ、高度６５０㎞の太陽同期軌道に投入された。高分2号は２０１４年に打ち上げられ、高度約６２０㎞の太陽同期軌道に投入された。高分2号の分解能はモノクロで80㎝、カラーで４ｍといわれる。

高分３号は海洋観測用の衛星で、ＣバンドのＳＡＲを搭載している。ＣバンドのＳＡＲは海上監視、海洋環境や原油流出などの観測、海氷の把握などに適している。もちろん陸域の観測も行われる。２０１６年に高度約７００㎞の極軌道に投入された。宇宙で展開されたアンテナの全幅は18ｍで、ＳＡＲとしては世界最高水準の解像度１ｍを達成しているといわれる。

高分４号は東経１０５・５度の静止軌道に２０１５年に投入された衛星である。可視光および赤外の領域で、中国大陸とその周辺地域を24時間観測することが可能である。可視光で50ｍ、赤外で４００ｍの解像度があるという。このため、災害監視や気象観測などのほか、人民解放軍が展開している全領域を常時監視することにも利用される。

高分５号は可視光および赤外センサーの他、温室効果ガスを観測するセンサーなどを搭載する。２０１６年打ち上げ予定とされていたが、まだ打ち上げられていない。

高分８号は２０１５年に高度４９０㎞の低軌道に投入された高解像度の衛星で、細かいデータは発表されていない。

高分９号は２０１５年に打ち上げられた。後に述べる遥感衛星の民生版といわれ、モノクロで50㎝、カラーで２ｍの解像度をもつといわれる。高度約６５０㎞の極軌道に投入されている。

環境《ファンジン》

環境監視のための衛星で、光学センサーを搭載した環境１号Ａと１号Ｂが２００

8年に、Sバンドの合成開口レーダーを搭載した環境1号Cが2012年に打ち上げられた。3機のコンステレーションで観測を行うが、今後、衛星数がふえる可能性がある。

炭素《タンスー》

全球の二酸化炭素を観測する衛星で、2016年に打ち上げられた。TanSatともよばれている。温室効果ガスを観測する衛星をこれまで打ち上げたのは、日本とアメリカのみである。

海洋《ハイヤン》

海洋1号シリーズは、中国近海のクロロフィルの分布、海面温度、汚染物質などを観測することを目的にしている。これまでに3機が打ち上げられている。海洋2号シリーズは海面風速、海面高度、海面温度などを観測する。海洋2号Aが2011年に打ち上げられた。海洋3号はまだ打ち上げられていないが、海洋監視のためのレーダー衛星になる。
中国は2020年までに1号シリーズ4機、2号シリーズ2機、3号シリーズ2機のコンステレーションを完成させる予定である。

天絵《ティェンフイ》

地図作成用のデータを収集する衛星で、高度約500㎞の太陽同期軌道を周回する。これまで天絵1号01から天絵1号03まで3機が打ち上げられている。3機のカメラを搭載しており、3Dマッピングを行う。

吉林《ジーリン》

その名の通り、吉林省が中心になって開発を進めた中国初の商業地球観測衛星である。中国科学院長春光学精密機械・物理研究所が開発し、長光衛星技術有限公司が衛星サービスを行う。吉林1号は光学衛星で、2015年に打ち上げられた。分解能は70㎝という。また、2017年1月に吉林1号03が打ち上げられている。

高景《ガオジン》

中国の民間企業スーパービュー社が打ち上げた光学衛星で、２０１６年に高景1号01と高景1号02が同時に打ち上げられた。分解能は50㎝といわれている。予定より低い高度に投入されてしまったが、その後の運用で所定の軌道に入った。

スーパービュー社は分解能50㎝の光学衛星16機、分解能50㎝以下の光学衛星４機、XバンドのＳＡＲ衛星４機、さらに動画機能などをもつ衛星を含めた「16＋４＋４＋X」コンステレーションによる地球観測の商業サービスを計画している。

気象衛星

中国は静止軌道の気象衛星だけでなく、地球を南北にまわる極軌道の気象衛星も運用している。極軌道の衛星は全地球表面を観測することが可能である。

風雲《フォンユン》

風雲1シリーズは極軌道衛星で、風雲1Aから1Dまでが打ち上げられた。現在はすべて運用を終えている。風雲2シリーズは静止衛星で、風雲2Aから2Fまでが打ち上げられた。2016年末現在、運用中の衛星は風雲2Gで、風雲2Aから2Cまでは運用を終了。風雲2D、2E、2Fは待機中である。国家衛星気象センターによると、中国の静止気象衛星は東経105度を観測位置とし、東経86・5度と123度を予備の位置としている。

風雲3シリーズは風雲1シリーズの後継の極軌道衛星で、風雲3Aから3Cまでが打ち上げられている。

風雲4は第2世代の静止気象衛星シリーズである。2016年に最初の衛星、風雲4Aが打ち上げられた。風雲4Fまで打ち上げ予定とされており、今後、風雲2シリーズをリプレースしていくことになる。

雲海《ユンハイ》

雲海1号は2016年に打ち上げられた気象衛星である。高度約750㎞の極軌道に投入された。大気と海洋、宇宙環境の観測を行い、防災、減災のために使われるとしている。雲海1号は新しい気象衛星シリーズの最初の衛星と推測されており、今後複数の衛星によるコンステレーションを構成し、気象観測を行うものとみられる。

測位衛星

中国の測位衛星には「北斗《ベイドゥ》」の名がつけられている。英語表記の「Beidou」も用いられる他、「コンパス」（英語名）とよばれることもある。北斗衛星測位システムは今後、民間での利用が進んでいくと思われる。しかしながら、アメリカのGPS（グローバル・ポジショニング・システム）が軍用のシステムとして開発されたのと同様、中国が北斗を開発する最大の目的は、人民解放軍が独自の全世界衛星測位システムをもつことにある。

北斗1衛星測位システム

中国の衛星測位サービスは静止軌道上の2機の衛星で測位を行うというシステムからはじまった。2000年に北斗1Aと1Bを打ち上げ、2001年にサービスを開始した。カバーしたのは東経70度から140度、北緯5度から55度の範囲であった。

北斗2衛星測位システム

2004年、中国はアメリカのGPSやロシアのグロナスに対抗する独自の全世界測位衛星網の開発を決定した。この測位衛星網は第1フェーズで中国大陸およびその周辺地域をカバーし、第2フェーズで全世界でのサービスを行うとされた。これが北斗2衛星測位システムである。

北斗2システムの第1フェーズは、静止軌道上の北斗G衛星が5機、軌道傾斜角55度の傾斜対地同期軌道（準天頂軌道のこと。地上から見ると衛星が8の字に移動する）上の北斗

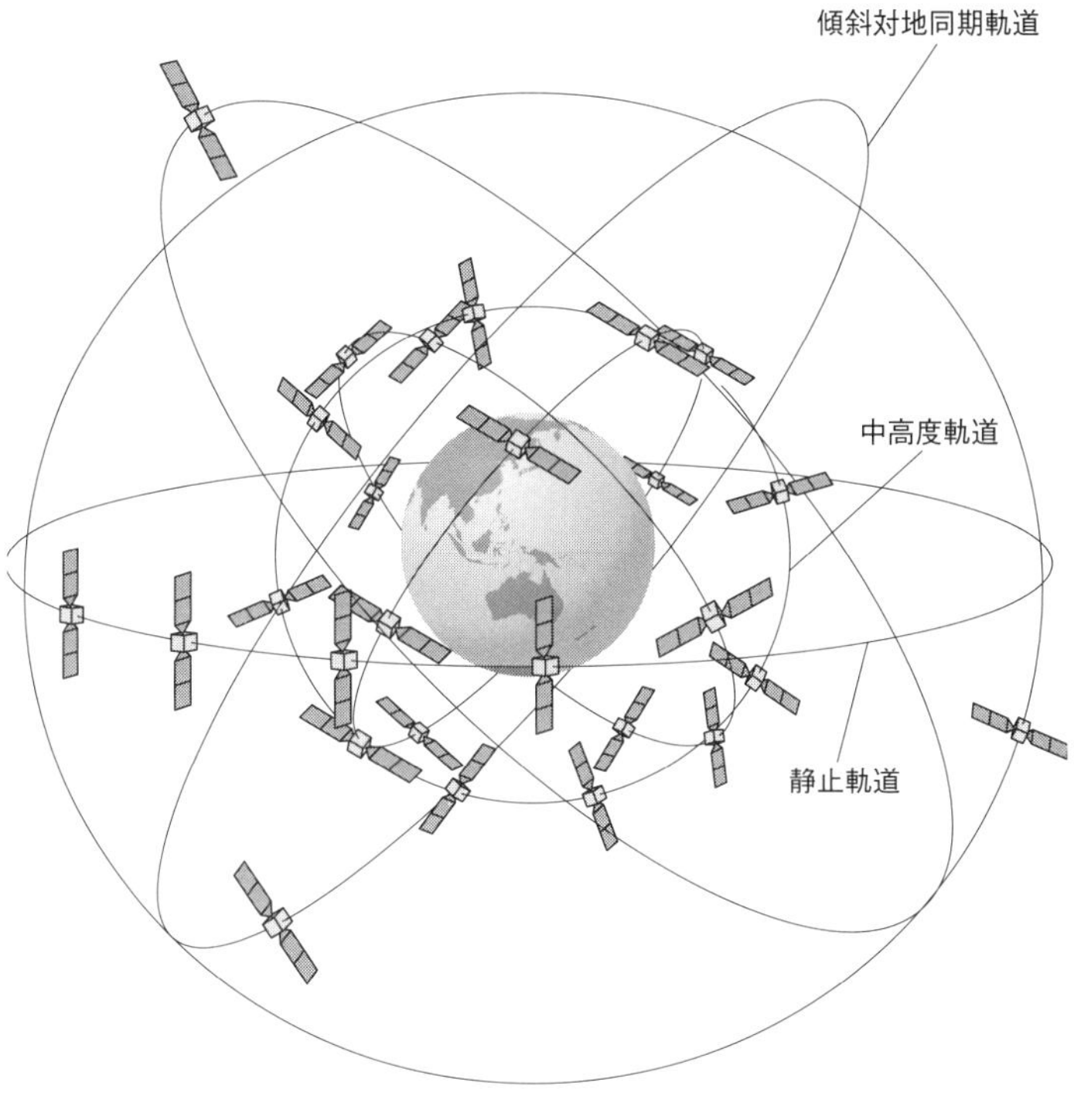

測位衛星「北斗」の軌道。全世界に衛星測位サービスを提供する

ＩＧＳＯ衛星が５機、そして高度２万１５００㎞の中高度軌道上の北斗Ｍ衛星が４機、合計14機で構成される。２０１２年にサービスが開始された。

北斗２システムがカバーしている範囲は、東経55度から東経１８０度、南緯55度から北緯55度である。位置の精度は無料の民生用の場合、中国大陸中央部で10ｍである。移動速度の精度は秒速０・２ｍ、時刻の精度は２ナノ秒。当然のことながら軍用の位置精度は公表されていない。約10㎝という情報もある。

北斗３衛星測位システム

北斗３衛星測位システムは35機の衛星を新たに打ち上げて、２０２０年に全世界でのサービス開始を目指している。もともとは北斗２システムの第２フェーズであったが、第３世代の衛星を打ち上げるため、「北斗３」あるいは「Beidou3」とよばれることが多くなっている。

なお、Beidouのウェブサイトは、現在運用している北斗２と北斗３を合わせたシステムをBeidou Navigation Satellite Sysytemとよんでいる。

北斗3システムを構成する第3世代の衛星は次のような構成になる。

北斗3G衛星（静止軌道）が5機。静止軌道上の位置は東経58・75度、80度、110・5度、140度、160度。

北斗3I衛星（軌道傾斜角55度の傾斜対地同期軌道）が3機。

北斗3M衛星（高度2万1500kmの中高度軌道）が27機。

2015年に北斗3I1－S、北斗3M1－S、北斗3M2－S、北斗3I2－Sが打ち上げられ、2016年に北斗3M3－Sが打ち上げられている。

北斗3システムには数々の革新的技術が導入されているといわれる。測位精度は飛躍的に向上するとみられ、初期検証でもそのような結果が出ている。無料ユーザーの位置精度は2・5mとされている。センチメートル級の位置精度が実現されるとみられる。

現在中国では、北斗のシステムを搭載した産業用機器、カーナビ、スマホなどの台数が急激に増加している。またアジア諸国での利用も広がっている。世界的な営業活動にも力を入れており、北斗3システムが実現すれば、GPS、グロナス、E

Ｕのガリレオとならぶ世界標準の測位システムになっていくとみられる。

通信衛星

中国では現在、３社が通信衛星サービスを行っている。中国航天科技集団公司傘下の中国衛星通信集団公司（チャイナサットコム）、アジアサット社、ＡＢＳ（アジア・ブロードキャスト・サテライト）社である。これらの企業が運用する通信衛星の多くは海外メーカーのものだが、中国衛星通信集団公司（チャイナサットコム）が運用する衛星の中には、中国空間技術研究院（ＣＡＳＴ）が開発・製造した衛星が含まれる。

第２世代衛星バス

中国は１９８４年に試験通信衛星「東方紅２号２」を静止軌道に打ち上げた。その後、東方紅２号Ａシリーズの衛星が４機打ち上げられた。これらの衛星は試験や技術実証が主な目的であった。１９７０年に打ち上げられた東方紅１号は通信衛星とされているので、これらの衛星は、中国にとって第2世代の通信衛星となる。通信衛星では、電力、熱制御、姿勢制御など基本機能に関わる機器や筐体《きょうたい》を共通化して使うことがよく行われる。この共通する部分を衛星バスとよんでいる。第2世代の通信衛星に使われたバスはDFH－2／2Aバス（東方紅2／2Aバス）とよばれている。

第3世代衛星バス

その後、1994年に第3世代の通信衛星、チャイナサット5が打ち上げられたが、静止軌道への投入には失敗した。1997年にチャイナサット6が静止軌道投入に成功した。第3世代の通信衛星はこれまで合計7機が静止軌道に投入されている。

第3世代のバスはDFH－3バスとよばれている。DFH－3バスは重量2・2トン、2枚の太陽電池パネルによって2kWの電力を提供できる。寿命は8年である。

中国は２０１５年11月にラオスの通信衛星を打ち上げたが、これにはＤＦＨ－３の改良型であるＤＦＨ－３Ｂバスが使われている。ＤＦＨ－３Ｂバスは北斗３Ｇ衛星でも使用されている。

第４世代衛星バス

第４世代の衛星バス、ＤＦＨ－４バスを搭載した最初の通信衛星は２００６年に打ち上げられたシノサット２である。しかし太陽電池板が開かず、打ち上げは失敗に終わった。２００７年に打ち上げられたNigComSat-1（ナイジェリアから受注した通信衛星）でも同様の不具合が発生した。打ち上げが成功したのは２００８年のVeneSat1（ベネズエラから受注した通信衛星）が最初である。ＤＦＨ－４バスの重量は約5トン、発生電力8～10・5ｋＷ、搭載できるペイロード（通信装置）は４５０～６００kg、寿命は15年である。

中国衛星通信集団公司（チャイナサットコム）が通信衛星サービスのために運用している衛星は12機である（２０１７年1月現在）。このうち、チャイナサット６Ａ、チャイナサット10、チャイナサット11、チャイナサット15、ＡＰＳＴＡＲ－９は中国空間技術研究院（ＣＡＳＴ）製で、ＤＦＨ－４バスが使用されている。２０１６年に打ち上げられた中国初の移動体通信衛星「天通1号01」にもＤＦＨ－４バスが使用されているとみられている。

ＤＦＨ－４バスは中国が最近打ち上げたナイジェリアの通信衛星NigComSat-IR、パキスタンの通信衛星Pakisat-IR、ベネズエラの通信衛星シモン・ボリバル、ボリビアの通信衛星トゥパク・カタリにも使われている。

現在、ＤＦＨ－４バスの改良型が3種類開発されている。これらには電子機器の改良、電気推進の採用、新型バッテリーなどの新技術が盛りこまれている。

ＤＦＨ－４ＳはＤＦＨ－４の軽量バージョンといえるものである。バス自体の重量を４・６トンまで軽量化しながら、４５０kgのペイロードを搭載できる。ＤＦＨ－４ＥはＤＦＨ－４の増強型で、０・８～１トンのペイロードに対応する。重量は５～６トン、出力は最大17ｋＷである。ＤＦＨ－４ＳＰはＤＦＨ－４Ｓと４Ｅの開発成果を統合したもので、バスの重量を大幅に軽量化しながら、ＤＦＨ－４と同等の重量のペイロードを搭載できる。

第5世代衛星バス

現在、第5世代のＤＦＨ－５バスが開発されている。長征5号で打ち上げる重量級衛星に対応するためである。バスの重量は7トン。衛星電力は20ｋＷで、ＤＦＨ－４のほぼ2倍となる。ペイロード重量は最大1・5トン、寿命は15年といわれている。

科学衛星

中国にはこれまで最先端の科学を行う衛星は少なかったが、最近は「悟空」や「墨子」など世界が注目する衛星が登場している。２０１７年には、硬Ｘ線でブラックホールなどを観測する天文衛星「ＨＸＭＴ」の打ち上げも予定されている。

悟空《ウーコン》

宇宙空間に存在するダークマター（暗黒物質）を調べるための衛星である。宇宙の彼方から到来する高エネルギーの粒子を観測し、ダークマターの正体につながるデータを得ることが目的とされている。２０１４年に打ち上げられた。

墨子《ムォズー》

近年、量子通信の研究が進んでいる。２０１６年に打ち上げられた「墨子」は量子通信のための量子暗号実験装置を搭載し、宇宙と地上間で量子通信の実験を行う。科学の最先端の実験であるが、量子暗号通信は傍受が不可能とされ、軍も高い関心を寄せているといわれる。

実践８号

２００５年に運用が終わった返回式衛星（後述）の設計を踏襲した宇宙機で、２００６年に打ち上げられた。微小重力環境下での種子の実験が行われた。

実践10号

実践8号と同じ機体の宇宙機で、2016年に打ち上げられた。2週間にわたって流体、材料、生物など20の実験が行われ、返回式衛星のシステムが、宇宙での無人実験とサンプル回収に有効な方法であることが改めて示された。

小型衛星

最近では小型衛星の打ち上げも目立っている。2015年の長征6号の初打ち上げでは、合計20機の小型衛星が同時に打ち上げられた。

衛星技術の進展により、これまで大型衛星が行っていたミッションを小型衛星のコンステレーションで行うことができるようになっている。小型衛星のコンステレーションは軍事衛星においても、衛星攻撃に対する生存能力の高さという点で、大型衛星よりも優位性をもつ。

中国空間技術研究院（CAST）では、新技術を宇宙空間で実証するために小型衛星を利用している。大学で打ち上げる小型衛星には、技術開発以外に、若い技術者の育成という面もある。

軍事衛星

中国は全世界を24時間監視する偵察衛星のネットワークを保有している。このネットワークは特に太平洋において、アメリカに対するA2AD（接近阻止・領域拒否）に大きな役割を果たしている。

最近は早期警戒衛星の開発にも力を注いでいる。早期警戒衛星とは、敵国のミサイル発射を軌道上から赤外線で検知する衛星のことである。

返回式衛星

中国は返回式衛星（FSW）とよばれる回収式衛星を1970年代から打ち上げて

いた。返回式衛星の目的は、軌道上で偵察用の写真を撮影し、そのフィルムを回収することにあった。そのため、衛星のカプセル部分を大気圏に再突入させ、パラシュートで地上に着陸させた。

カプセルの回収は大気圏再突入技術の習得にもつながった。また、返回式衛星では1987年から微小重力環境下での実験も行われた。神舟宇宙船や天宮1号、天宮2号では宇宙実験が行われているが、中国はそのノウハウを以前からもっていた。返回式衛星は、中国の有人宇宙飛行計画に大きな貢献を果たしたといえる。

実際のところ、返回式衛星は将来の有人宇宙飛行への応用を考えて開発された。そのアイデアは、中国の最初の有人宇宙船「曙光」計画が出来上がっていく時期に重なっている。返回式衛星は当時の人工衛星としては非常に大型である。しかも、人工衛星らしくない形状をしている。先端が丸くなった円錐形で、全高は約3m、重量は約3トンである。地上に戻ってくるカプセルは上半分で、人間が入るほどのスペースがある。曙光宇宙船の当時の図面と、返回式衛星のカプセルの共通性も指摘されている。

返回式衛星が最初の打ち上げにたどりついたのは、曙光計画がキャンセルされた後の1974年のことであった。このときは、発射直後に異常が発生し、安全のためロケットは爆破された。次の打ち上げは1975年に行われた。第1段ロケットに不具合が発生したが、衛星はかろうじて軌道に乗った。しかし、姿勢制御システムの圧力が低下していたため、3日後に地球に帰還させることになった。大気圏再突入のためのエンジン噴射は正常に行われず、カプセルは着陸予定地点を大きく外れてしまった。回収チームは落下してくるカプセルをとらえることができなかったが、昼食中だった貴州省の炭鉱労働者4人が落下を目撃していた。落下地点にはクレーターができ、焼け焦げたカプセルが半分埋まっていた。彼らの通報によって、カプセルは無事回収された。

こうしたスタートではあったが、その後、返回式衛星は21回の打ち上げが行われ、回収に失敗したのは1回だけであった。返回式衛星には4つのシリーズがある。返回式0号（尖兵1号）は1975年～1987年に運用された。返回式1号（尖兵1号A）は1987年～1993年に運用された。返回式2号（尖兵1号B）は1994年、

1994年、1996年に打ち上げられた。返回式3号（尖兵4号）は2003年、2004年、2005年に運用された。返回式4号（尖兵2号）は2004年と2005年に打ち上げられた。なお、尖兵3号は資源2号のことである。また尖兵という名称は初期の遥感衛星にも使われた。計画当初のカメラの解像度は10ｍ程度といわれているが、ミッションの後半には、解像度は改善され、返回式4号では50㎝の分解能が得られたとみられる。

遥感《ヤオガン》

遥感シリーズは2006年に登場し、現在、人民解放軍が宇宙から行う偵察活動の中核になっている。2006年に打ち上げられた遥感1号は打ち上げ後、早い時期に軌道上で不具合を起こしたとみられ、翌年に代替機、遥感3号が打ち上げられている。

遥感1号が打ち上げられた前年の2005年に、写真フィルムを回収する方式で偵察活動を行ってきた返回式衛星の打ち上げが終了している。この頃には、中国は地球観測衛星「資源」などですでにデジタル方式による偵察ミッションを開始していた。遥感シリーズのスタートとともに、軌道上からの偵察任務はすべてデジタルで行われることになった。

２０１７年1月現在、遥感30号までが打ち上げられている。遥感シリーズの衛星は、搭載しているセンサーから3つのグループに分類できる。1つ目は光学衛星、２つ目はＳＡＲ衛星、３つ目は、高性能電波測定装置を搭載したＥＬＩＮＴ衛星である。ＥＬＩＮＴとは電子偵察のことをいう。

現在運用されている遥感シリーズの光学衛星のうち、遥感27号、19号、22号、15号は分解能３～10ｍの光学センサーを搭載し、高度約１２００㎞の太陽同期軌道に投入されている。太陽同期軌道の衛星は、同じ場所の上空を同じ地方時に通過する。遥感27号、19号、22号、15号が赤道を通過する地方時は9時30分、10時30分、13時30分、14時30分である。

遥感30号、4号、24号、7号は分解能1～３ｍの高解像度の光学センサーを搭載し、高度６３０×６５０㎞の太陽同期軌道に投入されている。赤道を通過する地方時は9時、11時、13時30分、15時である。

遥感26号、28号、21号も高解像度のセンサーを搭載し、高度480㎞という非常に低い軌道に投入されている。赤道を通過する時刻は10時30分、14時、17時30分である。

現在運用されているSAR衛星のうち、遥感29号と10号は高度約620㎞の軌道に投入されている。赤道を通過する時刻は4時30分、6時である。遥感23号と18号は高度510㎞の軌道に投入されており、赤道を通過する時刻は2時、10時である。

このように、遥感シリーズの光学衛星とSAR衛星は、全世界を24時間監視する態勢をとっている。また、軌道高度の高い光学衛星やSAR衛星で発見した興味深いターゲットを、時間をおかずに低い軌道の高解像度センサーで詳細に観測することが可能になっている。監視態勢に穴が空かないように、寿命のきた衛星は的確なタイミングで新しい衛星にリプレースされている。

遥感9号、16号、17号、20号、25号はELINT衛星である。20号は9号のリプレース、25号は16号のリプレースであり、現在運用されているのは、17号、20号、

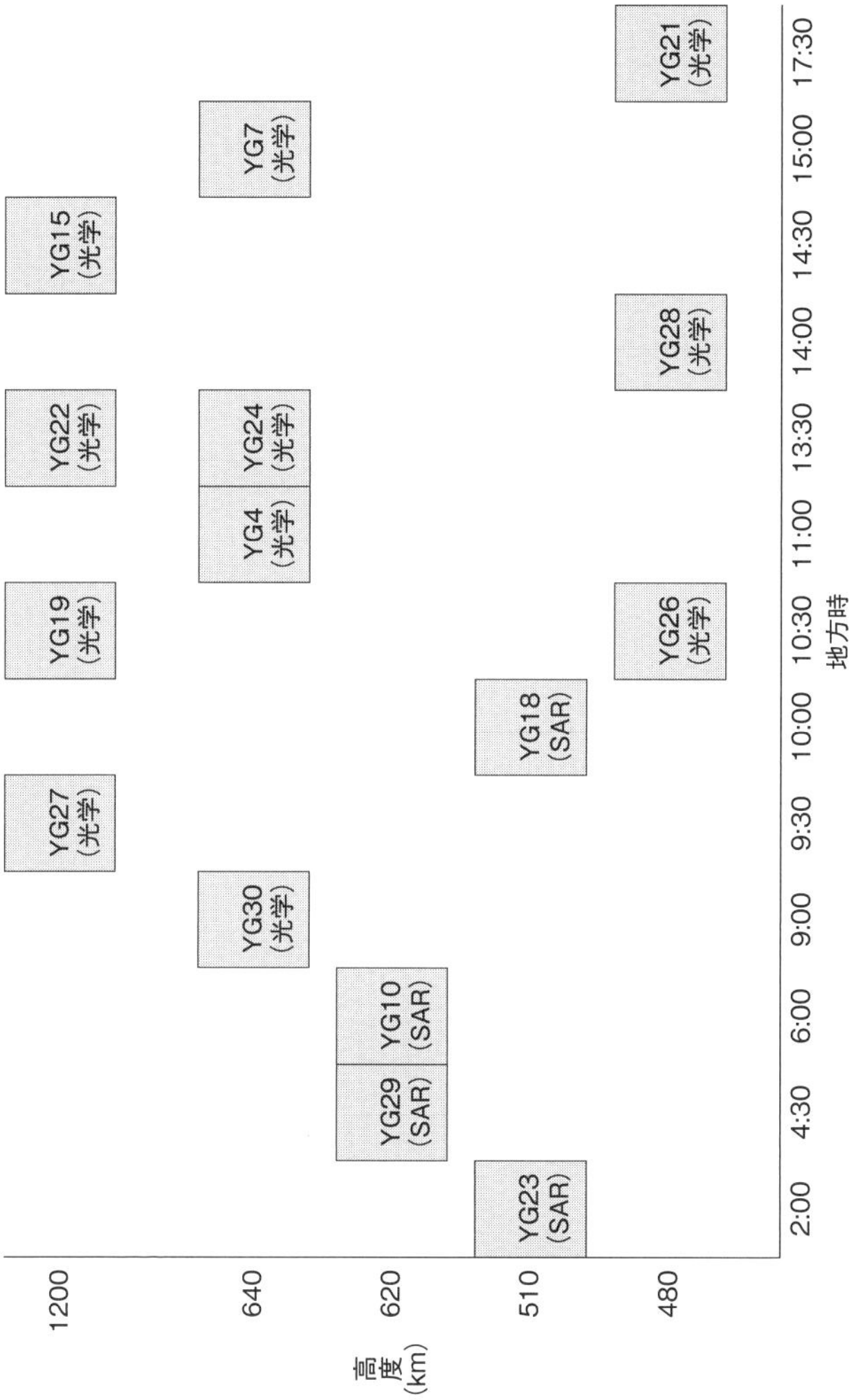

遥感（YG）衛星の高度と赤道通過時刻
S.Chandrashekar and Soma Perumal, "China's Constellation of Yaogan Satellites & the Anti-Ship Ballistic Missile; May2016 Update" より作成

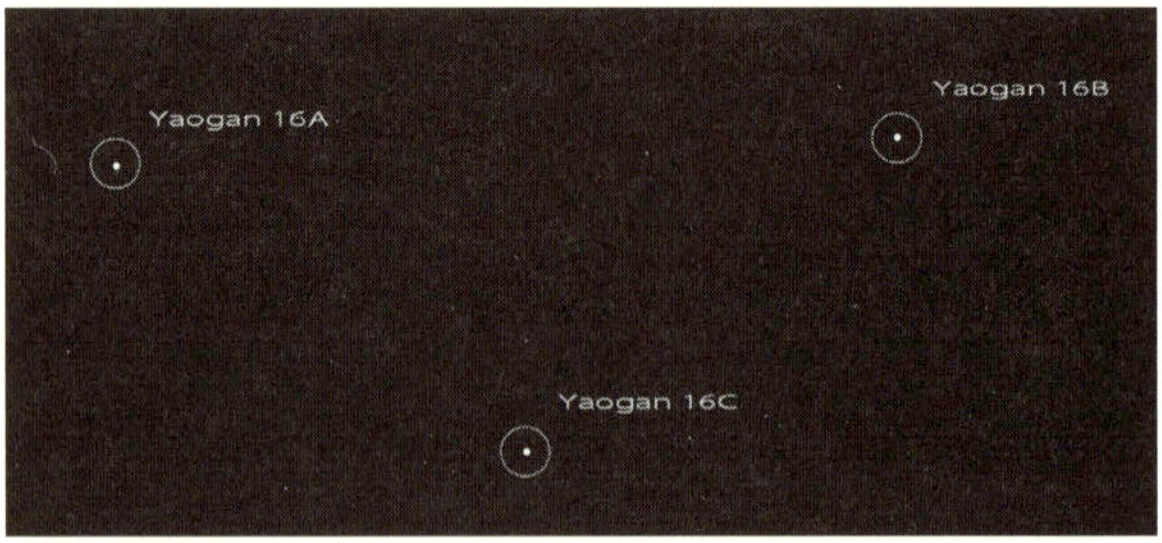

地球から観測された遥感3機のフォーメーション

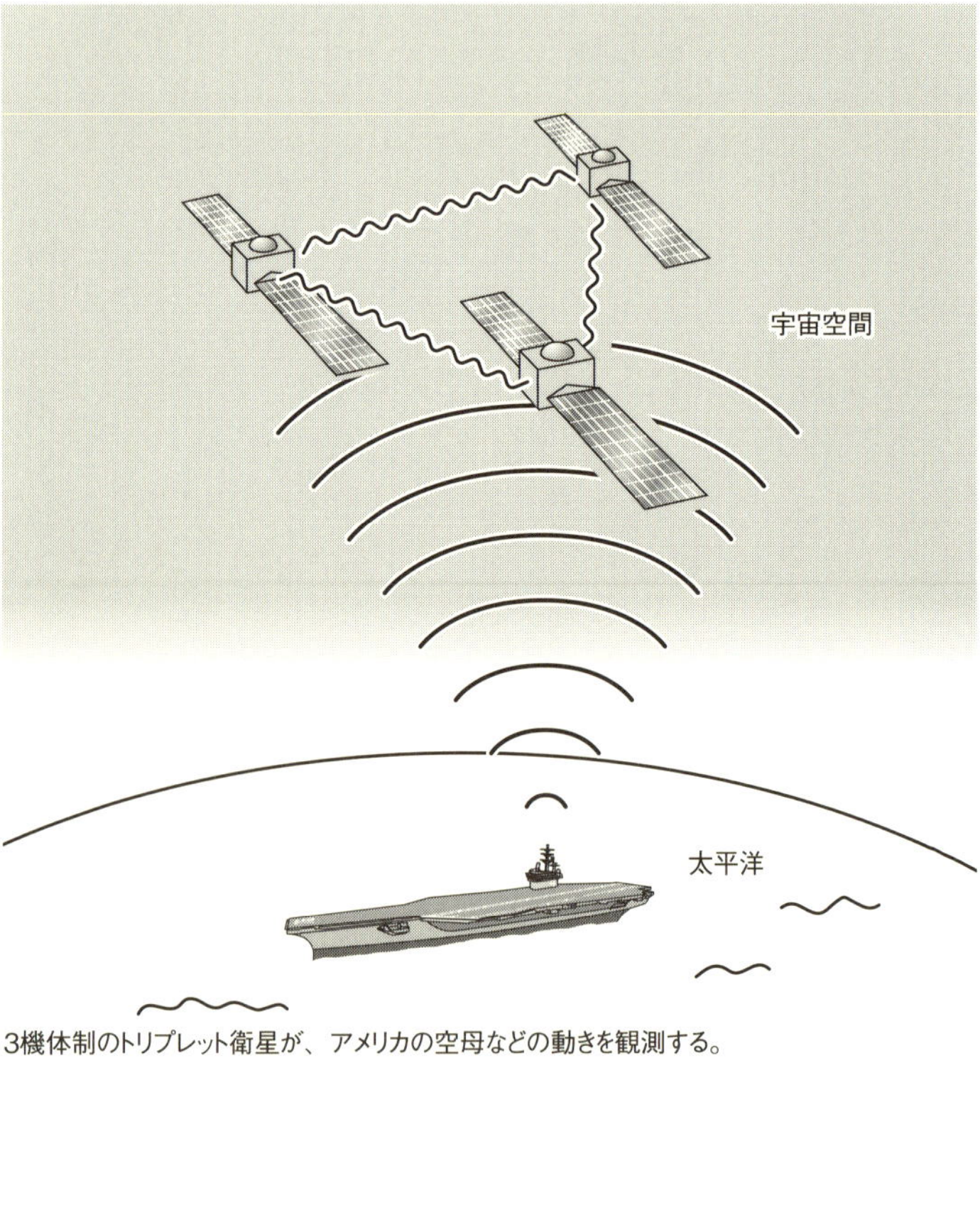

3機体制のトリプレット衛星が、アメリカの空母などの動きを観測する。

25号である。これらのＥＬＩＮＴ衛星は、アメリカが運用しているＮＯＳＳ（海軍広域海上監視システム）と同様のシステムで、それぞれが３機の衛星のフォーメーションになっている。海上の艦船からの電波を、お互いに１００㎞ほど離れた３機の衛星で受信し、到達した時間の差から、その艦船の位置を特定するのである。編隊飛行するこのトリプレット衛星は、地上からは三角形の星座が移動していくように見える。

遥感のＥＬＩＮＴ衛星は高度約１１００㎞の軌道に投入されており、観測範囲は半径３５００㎞といわれる。このシステムを３機運用しているため、同じターゲットをとらえる機会は1日に18回ある。つまり、アメリカの艦隊の動静を24時間、切れ目なく監視することが可能になっている。

実践《シージィエン》

実践は宇宙空間でさまざまな試験や科学研究を行う衛星のシリーズであるが、その中には科学技術目的のベールをまとった軍事ミッションも含まれている。

実践6号は2004年から2010年にかけて合計8機が打ち上げられた。ELINT衛星のための試験が行われたとみられている。

実践11号は2017年1月現在、高度約700㎞の軌道に8機が打ち上げられている。早期警戒衛星のコンステレーションを構成しているとみられる。アメリカの早期警戒態勢の中核であるDSP衛星は静止軌道上にあるので、基本的には3機で全世界をカバーできる。実践11号のような低軌道衛星の場合は、いくつもの衛星でコンステレーションをつくる必要がある。

2013年には実践16号01が、2016年に実践16号02が打ち上げられた。実践6号の後継としてELINTミッションを行うとの見方があり、今後も16号シリーズの打ち上げが続くと予想される。

前哨《チィエンシャオ》

中国は現在、「前哨」あるいは「長城」とよばれる静止軌道の早期警戒衛星を開発中である。ただし、これに関する情報はほとんどない。2015年に打ち上げられた通信技術試験衛星1号がその1号機ではないかとの観測もあるが、真偽のほどは不明である。また中国のウェブサイトには、2017年1月に長征3号Bによって打ち上げられた通信技術試験衛星2号の本当の名前は「火眼1号」で、早期警戒衛星だという情報もみられる。

烽火《フォンフォ》

烽火はCバンドとUHF帯での通信のための軍用静止衛星である。DFH－3バスを使用した烽火1号A（チャイナサット22）が2000年に、烽火1号B（チャイナサット22A）が2006年に打ち上げられている。DFH－4バス使用の第2世代の烽火2号A（チャイナサット1A）が2011年に、烽火2号Cが2015年に打ち上げられた。

中国航天科技集団公司傘下の中国衛星通信集団公司（チャイナサットコム）が所有し、運用している。

神通《シェントン》

神通はKuバンドでの通信のための軍用静止衛星である。DFH—3バス使用の神通1号（チャイナサット20号）が2003年に、神通1号B（チャイナサット20A）が2010年に打ち上げられた。DFH—4バス使用の第2世代の神通2号A（チャイナサット2A）が2012年に、神通2号C（チャイナサット2C）が2015年に打ち上げられている。多数のスポットビームにより地上の特定の局や移動部隊との交信が可能である。

中国衛星通信集団公司（チャイナサットコム）が所有し、運用している。

天鏈《ティエンリィエン》

天鏈はアメリカのTDRS（追跡データ中継衛星）に相当するデータ中継衛星で、静止軌道に投入され、神舟宇宙船と地上との交信を中継するために用いられている。中国の宇宙ステーションが建設されれば、地上との交信に活躍することになる。

天鏈1号01は2008年に打ち上げられ、神舟7号のフライト中に使用された。

天鏈1号02は神舟8号と天宮1号のドッキングに合わせ、2011年に打ち上げられた。天鏈1号03は2012年に打ち上げられた。

静止軌道上のそれぞれの位置は天鏈1号01が東経77度、天鏈1号02が東経176・77度、天鏈1号03が東経20・3度である。この3機によって、軌道上と地上の交信がほぼ24時間可能になっている。2016年、天鏈1号04が打ち上げられた。位置は東経77度で、天鏈1号01をリプレースするものとみられている。

第5章
月・火星探査計画の遠大な思惑

月に送りこんだローバー

2013年12月14日、月面、雨の海。
月面ローバー（自走式探査車）「玉兎《ユートゥ》」は「嫦娥《チャンエー》3号」の着陸機から降ろされ、月面を8mほど移動した。月の表面はレゴリスとよばれる細かい砂におおわれている。玉兎が移動すると、車輪の跡がくっきりと残された。周囲は平らな地形で、白っぽい岩石が点在している。月の直径は地球の4分の1しかないため、月の地平線はおどろくほど近くにある。荒涼とした光景のすぐ先に、真っ暗な宇宙空間が広がっていた。

　1972年にアポロ17号の宇宙飛行士たちが去り、1976年にソ連のルナ計画が終了してからというもの、月面はずっと静かだった。長い間、ここ

中国の月面ローバー「玉兎」(写真：Imaginechina／アフロ)

を訪れる人工物はなかったが、今、中国が送りこんだ小さなローバーが、月面を動きまわろうとしている。

月面の黒い領域は「海」とよばれているが、実際は巨大衝突でできたくぼみを、内部から湧き出してきた溶岩が埋めたものだ。雨の海は年代の若い海である。とはいっても、それが形成されたのは、今から30億年ほど前のことなのだが。

月面に着陸した嫦娥3号（写真：ロイター／アフロ）

嫦娥とは中国の伝説に登場する月世界の女神の名前である。地球に来て不死ではなくなったが、再び月に帰ったという。玉兎はその嫦娥がペットとしていたうさぎである。

嫦娥3号は真南の方向から降下し、雨の海の1番北の領域に着陸した。嫦娥の着陸機も玉兎も、北を向いている。西方向には、嫦娥3号が着陸目標としていた「虹の入江」があるはずだが、もちろんここから見ることはできない。虹の入江は、雨の海の西北端にできた衝突跡を溶岩が埋めてできた。その東南の端が雨の海とつながっているため、本当の入江のようである。丸く美しい湾の入り口を、西側はヘラクレイデス岬が、東側はラプラス岬が守っている。玉兎はラプラス岬側にいる。ヘラクレイデス岬の南は、1970～71年にソ連の月面車ルノホート1号が活動した場所である。

嫦娥3号が着陸した場所は、中国の科学者たちが「紫微」と名付けた直径450mほどの衝突クレーターのすぐ東の領域であった。紫微ができたとき、月面は深さ40～50mまで掘り起こされた。そのときの噴出物がこのあたりをおおっている。つまり、玉兎のまわりの岩石やレゴリスは、雨の海の地下40～50mの物質でできていることになる。

雨の海はちょうど朝を迎えていた。地球の14日間にあたる長い月面での昼間がはじまる。その間に多くのことを行わなくてはならない。冷たく暗い14日間の夜がくれば、玉兎はほとんどの機能を停止させ、越夜状態に入らなくてはならないからだ。

玉兎は2枚の太陽電池板を展開し、各システムを起動して機器チェックを開始した。予期せぬ不具合がいくつか生じ、ミッション・コントロール・センターである北京航天飛行控制センターがこれらを解決するのに数日かかった。このため、12月19日まで玉兎はほとんど移動できなかった。

玉兎は6台のカメラをもっている。高さ1・5mのマストの上端には、高精細画像を撮影でき、リアルタイムの映像伝送もできるパノラマカメラが2台と、玉兎の進行方向を10m先まで常に監視しているナビゲーションカメラが2台設置されている。ローバーの前方下部には障害物を検知するためのカメラが2台ついている。科学者たちは、嫦娥1号と嫦娥2号が軌道上から撮影した着陸場所の画像と、これらのカメラが送ってくる画像を比べながら、玉兎の周囲の状況を確認していた。

火星ローバーを運用しているNASAの科学者たちがしているのと同じように、中国の科学者たちも、カメラで撮影された目立つ地形に名前をつけていった。もちろん、天体上の名前はすべて国際天文学連合（IAU）が決定するものなので、これらの名前はチーム内で使う便宜的なものである。玉兎の前方に直径約18mの小さなクレーターがあり、「天淵」と名付けられた。クレーターの縁にある少し大きな岩石は良い目印になると考えられ、「離宮」と名付けられた。

12月20日に玉兎は天淵を回避するように右まわりにUターンし、12月21日には嫦娥の後方約8mの位置にまわりこんだ。その後、玉兎は南に移動し、12月24日には着陸機から30m離れたポイントまで移動した。

玉兎は3種類の科学観測機器を搭載している。月面物質の化学組成を調べるアルファ粒子X線スペクトロメーター（APXS）、鉱物の種類を調べる可視近赤外分光計（VNIS）、深さ30mまでの地下構造を調べる地中探査レーダー（LPR）である。

玉兎は移動を開始した時から、ローバー下部に設置されたLPRのオンオフをくりかえし、地中探査を行っていた。24日の時点でAPXSとVNISはデータチェックを終え、観測を開始できるようになったが、ここで夜がやってきた。月面の夜はマイナス180℃にも低下する。12月26日、玉兎は熱の放散をできるだけ防ぐため、マストとパラボラアンテナを引き込み、片方の太陽電池板をたたんで遮蔽すると、スリープモードに入った。プルトニウム238が発生するエネルギーを利用したヒーターが、機器を厳しい低温から守った。

２０１４年1月11日、朝の到来とともに玉兎は目覚め、活動を再開した。１月12日と13日の２日間で西に25ｍ移動し、紫微クレーターの縁にかかる場所に達した。このあたりにはクレーターからの噴出物が分厚く堆積している。クレーターの縁にあるピラミッド形の岩石は「外塀」と名づけられた。ＡＰＸＳとＶＮＩＳによる観測は主にここで行われ、玉兎による探査の科学的成果につながった。

玉兎はその後、着陸機の方向に戻り、１月15日に着陸機から17ｍほどのポイントで停止し、動かなくなった。モーターがもはや作動しなくなったのだ。地上からの呼びかけにも応答しなかった。１月25日、２回目の夜の到来を前に、中国メディアは玉兎が月面の過酷な環境のためにコントロールできない状態になったと発表した。ここまでの玉兎の走行距離は合計で１１４ｍであった。

それでも2月13日、夜が明けて、玉兎の太陽電池板に太陽光があたると、玉兎と地上との交信が回復した。動くことはできないが、玉兎のコンピューターと電子回路は生きていた。玉兎はその後も地上との交信を続け、科学者たちに月面の厳しい環境下で生存するための貴重な情報を提供し続けた。

2016年8月3日、中国メディアは玉兎が活動を停止していると伝えた。地上からのよびかけに応えることはなく、972日間におよぶミッションが終了した。

これに先立つ2015年11月、天体上の名前を決める国際天文学連合のワーキンググループは、中国の申請通り、紫微を正式なクレーターの名前として認めた。同時に申請されていた紫微の近くにあるほぼ同サイズの2つのクレーターの名前「天市」と「太微」も認められた。また、中国は玉兎が探査活動を行ったエリアを「広寒宮」として申請していたが、これも認められた。西経19度51分から19度52分の間、北緯44度11分から北緯12分の間の領域で、東西約50m、南北約80mの広さである。広寒宮は中国の伝説で、嫦娥が住んでいる場所である。嫦娥3号の着陸機と玉兎は今もこの月の宮殿に滞在している。

有人月面着陸を想定した嫦娥計画

中国の月探査計画が正式にスタートしたのは2003年である。フィージビリティ・スタディの段階から国防科技工業局が主導してきた経緯があり、月探査計画は同局の管轄となっている。２００４年に設立された探月航天工程センターは国防科技工業局の直属組織である。

中国には月や惑星科学の研究者は少なく、無人月探査計画は科学目的よりも、将来の有人月着陸に必要な技術を習得することに力点が置かれている。中国の月探査計画（ＣＬＥＰ）のロゴマークがそれを物語っている。このマークは「月」をモチーフにしているが、よく見ると、月面にしるされる人間の足跡が描かれている。

CLEPのロゴには、中央に足跡が刻まれている

無人月探査計画は「嫦娥計画」と名付けられている。嫦娥伝説は中国でよく知られている。日本のかぐや姫の物語と共通する部分も多い。かぐや姫のルーツは四川省のチベット族に伝わる民話との説もあり、古来、アジアの広い地域で、月

に美女が住むという伝承が存在したのであろう。

嫦娥計画は3つのフェーズからなっている。第1フェーズは月周回ミッション、第2フェーズは月面ローバー・ミッション、第3フェーズは月の試料を地球に持ち帰るサンプルリターン・ミッションである。

第1フェーズは、嫦娥1号と嫦娥2号によって行われた。

嫦娥1号は2007年に打ち上げられ、月を南北にまわる極軌道に入った。1年半のミッションで、月全球の写真撮影を行った。

嫦娥2号は2010年に打ち上げられ、1号と同じように極軌道に入り、全球の観測を行った。嫦娥2号が取得した月面の画像は1号よりはるかに高精細なものであった。

嫦娥2号は全球観測を終えた後、さらに2つのミッションを行った。1つはラグランジュ点L2への飛行である。ラグランジュ点とは、2つの天体に対して、質量がはるかに小さい3つめの物体が重力的に安定になる場所のことである。月と地球の場合、L2は地球から見て、月の裏側に位置する。月の裏側からは地球に電波が直接届かないので、将来、月の裏側でミッションを行う場合には、L2にデータ中継衛星を配置する必要がある。嫦娥2号のL2への飛行は、その予行演習であった。ラグランジュ点は全部で5つあり、将来の宇宙ステーションや宇宙望遠鏡などが置かれる候補場所となっている。

嫦娥2号はその後、地球に接近した小惑星トータティスの観測を行った。

嫦娥1号と2号の目的は、月全球の詳細マップを作成し、嫦娥3号の着陸場所を検討することにあった。中国は早い段階から、虹の入江を嫦娥3号の着陸場所として考えていたようである。虹の入江や雨の海にはきわめてなめらかな溶岩原が広がっており、起伏の激しい地形がない。障害になるクレーターや大きな岩石が少ないため、安全に着陸できる場所と考えられたのである。

第2フェーズは、嫦娥3号の打ち上げによってはじまった。

嫦娥3号は2013年12月2日、西昌衛星発射センターから長征3Bロケットによって打ち上げられた。嫦娥3号の着陸機は重量1・2トンで、可視紫外線望遠鏡などの科学機器やカメラなどを搭載している。電源は太陽電池だが、14日間続く月の夜の間、機器類を暖めておくヒーターのために、プルトニウム238を用いた原子力電池も備えている。4本の脚には着陸時の衝撃をやわらげるダンパーが入っている。

着陸機の上部に月面ローバー、玉兎が搭載されていた。玉兎は重量140kg。不整地走行に適したロッカーボギー方式の6輪駆動や、マスト上に配したパノラマカメラとナビゲーションカメラ、前方下部に取り付けた障害物回避カメラなどを見ると、中国の技術者はNASAの火星ローバー、スピリットとオポチュニティを徹底的に研究したようだ。玉兎の運用期間は3カ月（月面では3昼夜）とされていた。

嫦娥3号は12月6日に月を南北にまわる極軌道に入った。高度は約100㎞、月を約2時間で1周する。その後、着陸を試みるまで8日間かかっているが、これにはいくつかの理由があった。1つは、12月6日の月齢は3日、すなわち三日月で、雨の海にはまだ太陽の光が差していなかった。着陸場所が朝になるのを待つ必要があったのである。また、月はゆっくり自転しているので、嫦娥3号の軌道面は、経度にすると、1日に約12度しか西にずれていかない。12月6日頃には、嫦娥3号の軌道面は、まだ雨の海の上を通っていなかった。

嫦娥3号は12月10日に、月の裏側で軌道変更のためのエンジン噴射を行い、近月点高度15㎞、遠月点高度100㎞の楕円軌道に入った。次はいよいよ動力降下である。動力降下とは、着陸機のエンジンを逆噴射しながら目標地点に向けて高度を落としていくことをいう。

嫦娥3号の着陸目標は虹の入江と発表されていたが、実際には虹の入江の東の地域を含む東西に横長の区域が着陸目標に設定されていた。嫦娥3号は南から北に降下していくが、この横長の区域に着陸する機会は何回もある。着陸場所は西に少しずつずれていくが、何か不具合が発生すれば、次の周回で降下を試みればよい。しかし、嫦娥3号は最初の着陸機会で降下を開始した。そのため、虹の入江の東に着陸することになったのである。

嫦娥3号は月面から100mまで降下すると、そこでホバリングし、センサーで着陸に適した平地を探した。クレーターや斜面を避け、安全な着陸地点を決めると最終的な降下を開始。高度4mでエンジン噴射を停止して着陸した。前述の通り、その後、玉兎は月面に降りて活動を開始した。

玉兎ミッションによって、月面での移動や厳しい環境に耐える技術に関して貴重な情報が得られたと考えられる。玉兎の科学的成果としては、着陸場所の溶岩がアポロ計画などで得られたものとは別のタイプの玄武岩であったこと、溶岩原の厚さは10~60ｍであること、溶岩が湧きだしてきたのは約29億6０００万年前と比較的若いことなどである。

中国は２０１８年に嫦娥４号を月の裏側に着陸させると発表している。探査機が月の裏側に着陸し、ローバーが活動するのは、世界初のことである。嫦娥４号は嫦娥３号のバックアップとして製作され、以前からこれを将来のミッションに使うことが検討されていた。

中国科学院は嫦娥４号の着陸場所を南極エイトケン・ベイスンと発表している。南極エイトケン・ベイスンは非常に古い時代、おそらく約40億年前に生じた超巨大衝突跡で、その直径は２５００㎞にも達する。この時の衝突では月内部のマントル層までが掘り起こされたと考えられている。月の内部物質が表面に存在している可能性があり、科学者の関心が高い場所である。

中国はこのミッションを行う6カ月前に、L2にデータ中継衛星を投入する予定である。

サンプルリターン・ミッション

中国の月探査計画の第3フェーズであるサンプルリターン・ミッションは、嫦娥5号によって行われる。嫦娥5号ミッションの詳細や着陸場所はまだ明らかになっていない。嫦娥5号は総重量が8トンに達するため、打ち上げには長征5号を使わなくてはならない。打ち上げは2017年12月になる模様である。

嫦娥5号はサービル・モジュールと帰還カプセル、月面に着陸する着陸機からなる。サービス・モジュールは推進、軌道変更、通信、電力供給などの機能をもち、ミッションの最終段階まで帰還カプセルと結合している。着陸機は降下段と上昇段の2段構成になっている。

嫦娥5号が月周回軌道に入ると、着陸機が分離され、降下段のエンジンで月面に着陸する。ロボットアームで採取された約2kgの月サンプルは上昇段に収容される。上昇段のみが月面を離れ、軌道上のサービル・モジュールにドッキングする。サンプルがカプセルに格納されると、サービル・モジュールは上昇段を切り離し、エンジンを噴射して月の軌道を離れ、地球に向かう。大気圏再突入前にカプセルはサービル・モジュールから分離され、カプセルのみが地球に帰還することになる。

着陸技術はすでに嫦娥3号で実証済みであるが、月面でのロボットアームによるサンプル採取、上昇段による月面からの離昇と月周回軌道上での無人ドッキングなど、技術的課題は多い。

特に大気圏再突入技術が鍵である。月から帰還する宇宙機の大気圏再突入速度は秒速約11㎞で、地球を周回している宇宙船の秒速約8㎞よりもかなり早い。そのため、いかにして宇宙機を減速して、安全に着陸させるかが課題になる。

そこで、中国は2014年に嫦娥5号T1を打ち上げ、嫦娥5号と同じ帰還カプセルを使った試験を行った。嫦娥5号の帰還カプセルは、神舟宇宙船と同じ形状で、サイズは小さい。全高は約1mである。

カプセルを搭載した嫦娥5号T1は、月の裏側をまわって地球に帰還する、いわゆる自由帰還軌道に投入された。この軌道は月を周回しないで地球に戻ってくる。嫦娥5号T1のサービス・モジュールから切り離された帰還カプセルは秒速11㎞で大気圏に再突入後、一度大気圏外に出て、もう一度再突入するという「スキップ」を行って減速し、無事帰還した。

サービス・モジュールはその後、月周回軌道に入り、着陸に適した場所の探索を行った。

中国は嫦娥6号でもサンプルリターン・ミッションを行うとしている。2020年に打ち上げられ、月の裏側からのサンプルリターンを目指すとみられる。

火星探査技術で目指すもの

中国はこのところずっと、月探査に力を注いできた。当初の計画通り、フェーズ

1からフェーズ2をクリアし、フェーズ3に取り組むところまできている。その一方で、将来の火星への探査にも取り組んでいる。

中国は2011年に、同国初の火星探査機「蛍火」をロシアのフォボスグルントに相乗りの形で打ち上げた。フォボスグルントは火星の衛星フォボスからのサンプルリターンを目的とした探査機である。蛍火は火星に向かう途中でフォボスグルントから分離され、火星を周回する軌道に入り、主に火星の高層大気を観測することになっていた。

打ち上げはカザフスタンのバイコヌール宇宙基地からゼニット・ロケットによって行われた。地球を周囲する軌道には入ったが、地球周回軌道を離脱して火星に向かうためのフレガート上段ロケットが点火せず、蛍火はフォボスグルントもろとも大気圏に突入して燃えてしまった。

中国独自の火星探査機の打ち上げは2020年に行われる可能性がある。太陽をまわる地球と火星の軌道の関係から、火星探査機を打ち上げる機会は約2年に1度めぐってくる。計画が遅れた場合、打ち上げは2022年になることも考えられる。

探査機は火星を周回するオービターと着陸機、ローバーの組み合わせになる。ローバーには、月面ローバー玉兎の技術が応用され、玉兎が搭載していた地中探査レーダーも搭載されるという。

最近のアメリカの火星探査は、火星表面の環境調査のほか、火星の歴史の解明や生命の痕跡探しに焦点があてられている。ロシアはソ連の時代からフォボスを構成している物質の解析を目指していた。ヨーロッパは生命探査を目指している。それに対して、中国の火星探査の場合、その科学目標はまだ定まっていないようだ。

それにもかかわらず、２０３０年頃には火星からのサンプルリターンの構想もある。火星周回軌道への到達、表面への着陸、移動、表面から周回軌道への離昇、そして地球への帰還という太陽系空間を自由に移動できる技術の習得が、中国の火星探査の主な目的と考えられる。

第6章
中国の有人宇宙計画

国の威信をかけた神舟11号

酒泉衛星発射センターの東風航天城《トンフォンハンティエンツエン》は、ゴビ砂漠につながる広大な乾燥地帯に建設された人工の町である。１９５８年、人民解放軍の兵士たちはここを流れる黒河の岸辺にテントを張り、建設工事を開始した。昼間の気温は40℃を超え、夜になると0℃近くになった。現在では1万人近くが居住する町になっているが、今も軍が管轄し、この町に入るには許可証が必要である。とはいえ、人々は他の町と変わらない日常生活をいとなみ、多くの観光客がここを訪れている。

中国の宇宙開発にとって、東風航天城は特別な町である。宇宙飛行士たちはここで出発の準備をし、発射台へと向かう。中国の有人宇宙飛行の歴史が日々つくられているのだ。

中国の有人宇宙飛行はロシアを参考にしている面が多い。それは宇宙船だけでなく、宇宙飛行士の訓練や打ち上げにいたる様々な手順にもみられる。２０１６年の神舟11号の飛行を振り返りながら、中国の有人宇宙飛行がどのように行われるかをみてみよう。

神舟に搭乗する宇宙飛行士とそのバックアップ・クルーは、打ち上げの4日前に、酒泉衛星発射センターにやってくる。北京から空路、鼎新双城子空軍基地に到着すると、そこから航天路を北上し、東風航天城に入る。宇宙飛行士たちが滞在する施設「問天閣《ウェイティエンクー》」は、「円梦園《イエンモンユエン》」という場所にある。

中国は2003年10月15日に、楊利偉が搭乗した神舟5号で初の有人宇宙飛行を行った。問天閣はこの時から使われている2階建てのしゃれた建物である。玄関を入ると吹き抜けになった円形のホールがある。1階には食堂があり、その隣はトレーニング・ルームになっている。万里の長城をモチーフにした階段を上った2階が、北京からやってきた宇宙飛行士やスタッフたちの宿泊区画である。問天閣にはメディカル・チェックや宇宙服を着る部屋、記者会見や出発前の「出征」セレモニーを行う会見場などもある。問天閣の名は、宇宙の謎を問う屈原の詩『天問』に由来している。

ロシアと同じように、問天閣に到着した宇宙飛行士たちは国旗の掲揚や記念の植

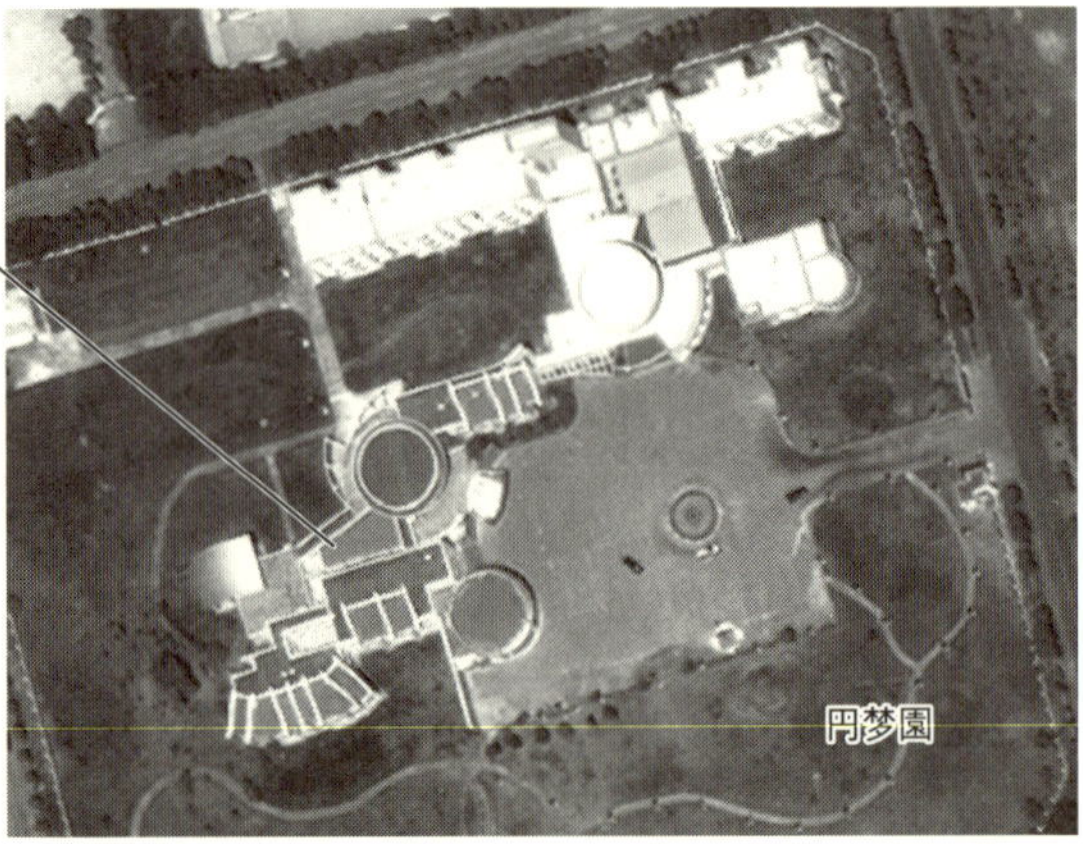

東風航天城の中にある問天閣　Bing Map

樹を行う。ロシアでは宇宙飛行士はそれぞれ自分の木を植えるが、中国では赤いリボンをつけたスコップで、クルーが一緒に木を植えることになっている。円梦園内には宇宙飛行士の「記念林」の場所がある。有人宇宙船の打ち上げはいずれ海南島の文昌衛星発射センターに移動してしまうが、ここに残された記念林は、中国の有人宇宙計画のはじまりを後世に伝えることになるだろう。

出発の日の朝、宿泊した部屋のドアに宇宙飛行士がサインする習慣もロシアと同じだ。神舟5号の楊利偉がサインしたドアには、「2003.10.15」という日付と

「3:00」という時刻が書かれている。打ち上げの6時間前である。前夜に行われた会議で、楊は3名の搭乗候補者の中から最終的に選ばれた。結果を告げられた楊は、日付が変わってしばらくした頃には支度をはじめていたであろう。楊はこの夜、あまり眠る時間がなかったかもしれない。

宇宙飛行士は普通、打ち上げの7時間前にメディカル・チェックを受け、宇宙服を着ることになっている。その後、もう1度メディカル・チェックを受ける。ここまでに2時間がかかる。その後、宇宙服の気密チェック、そして座席のシートライナーのチェックが行われる。ソユーズ宇宙船と同じように、神舟宇宙船の座席も、それぞれの宇宙飛行士の体型に合わせたシートライナーを装着するようになっている。

神舟11号の打ち上げは10月17日午前7時30分に予定されていた。搭乗クルーの景《ジン》海鵬《ハイホン》と陳冬《チェンドン》が準備を終え、会見場で出征のセレモニーに臨んだのは午前4時20分であった。

会見場内には宇宙飛行士が姿を現す半円形の部屋があり、ガラスで仕切られている。風邪などのウイルスに感染しないようにするためである。宇宙飛行士の隔離措置は問天閣に到着したときから行われている。前日には、この会見場で記者会見が行われた。

出征式では、まず張又俠《ヂャンヨウシア》総指揮が宇宙飛行士たちに声をかける。張は中国共産党中央軍事委員会委員で、人民解放軍装備発展部部長である。中国の有人宇宙計画の総司令官という立場になる。

会見場の軍人たちはみな立ったままだが、すでに宇宙服を着ている景海鵬と陳冬は、体力を消耗しないよう、ガラスの部屋の中に着席している。

次に中央軍事委員会副主席の范長龍《ファンチャンロン》が、宇宙飛行士を送り出す言葉を述べる。

「あと数時間したら、神舟11号ロケットは発射されます。君たちは、全国の人民の希望を背負って、中華民族の『宇宙の夢』を実現するために、宇宙へと旅立ちます。私は党中央、国務院、中央軍事委員会を代表して、そして習近平総書記の代理として、おふたりの旅立ちを見届けます」

范長龍は中国共産党中央政治局委員でもあり、中国の制服組のトップである。その范が北京から1500km離れた東風航天城にやってきて、出発する宇宙飛行士を激励する。中国共産党と人民解放軍が、有人宇宙計画をいかに重視しているかの証左である。

「今回の任務は、実験の中で最も重要な任務です。この任務を通じて、おふたりは宇宙に30日間滞在し、多くの科学実験を行う予定です。今までの間、おふたりは科学の訓練を受け、多方面で細心かつ厳格な準備をし、豊富な経験を積んできました。今回の任務は栄光輝かしく、しかし厳しいものですが、おふたりはきっと順調に任務を完遂できると信じております。どうか、歴史的な使命を心に刻み、厳密・丁寧・団結・協力を忘れずに、再び輝く成績を残しましょう。成功を祈ります。無事で凱旋するのを期待しています」

問天閣前の広場にはすでに多くの人たちが集まっていた。軍人ばかりでなく、内モンゴルのカラフルな民族衣装をまとった女性たちもいる。これから行われる広場での出発のセレモニーは、打ち上げ前の最大のハイライトである。バイコヌール宇宙基地のビルディング254の広場で行われるものと同じだ。

午前4時40分。張総指揮が広場に立っている。景と陳は問天閣の正面玄関ではなく、一番南の通用口から姿を現した。2人は張総指揮の前に来ると、準備ができたことを報告する。

「総指揮、私たちは神舟11号有人飛行任務を執行します。準備完了です。ご指示をください。中国人民解放軍航天員大隊、宇宙飛行士、景海鵬!」

「陳冬!」

張総指揮は力強く下命する。

「出発!」

「はい!」

景と陳が敬礼すると、突然音楽が流れはじめ、緊張した瞬間は一転して、にぎやかな見送りの場となる。景と陳は皆に手を振ると、マイクロバスに乗りこんだ。

4時45分、宇宙飛行士や関係者を乗せた車列は、警護のオートバイに先導されて、円梦園を出発した。空はまだ暗い。この町のシンボルである巨大なモニュメント、航天記念碑をくぐり、車列は交通規制された宇航東路を進んでいく。次に右に曲がり、神舟友誼大橋で黒河を渡った。橋を渡りきったところにある赤い巨大アーチが印象的だ。

次の十字路を左折すると、あとはＬＣ43発射場まで一本道である。ＬＣ43発射場には入り口が３カ所にある。車列は正門を通り過ぎ、９２１発射台に近い一番東の入り口から入った。円夢園を出発してから20分。そびえ立つ長征２号Ｆ／Ｇロケットの真下で、車列は停止した。高さ75ｍの巨大な整備塔におさまった長征２号Ｆ／Ｇは、２号Ｆの最新型である。72時間前からのカウントダウンが続行している。

２人は整備塔のエレベーターで地上50ｍまでのぼり、神舟に乗りこむことになる。ロシアではここでまた、関係者があたたかくクルーを見送り、ロシア正教の神父がクルーに祝福を与える。しかし、中国では簡潔だ。景と陳は同行してきた張総指揮に敬礼し、エレベーターに乗りこんだ。

アメリカでは、宇宙飛行士が宇宙船に乗り込む場所は「ホワイトルーム」とよばれる。整備塔のアームの先端に設置された小部屋で、内装が白であることから、そうよばれている。酒泉衛星発射センターの場合、神舟に乗りこむ場所は部屋にはなっておらず、神舟の軌道モジュールにアクセスできる整備用プラットフォームのフロアにその区画が設定されている。内装は白である。景と陳はここで靴を履きかえた。靴に付着しているちりや微生物を宇宙船内にもちこまないためである。

ソユーズ宇宙船と同じように、宇宙飛行士は神舟の軌道モジュールの側面に設置されているアクセス口から船内に入る。座席のある帰還モジュールは真下になるので、クルーは狭い通路を通って1人で下りなくてはならない。サポートのスタッフは軌道モジュールまでしか入れない。無重量環境では楽だが、重力のある地上では、これが意外に厄介である。宇宙飛行士が座席におさまり、チェックを終えて、ハッチがクローズされるまでに1時間以上がかかる。

6時50分、整備塔のアームが後退し、長征2号F／Gがその全容を現した。午前7時、空が白みはじめている。「30分前、準備」。打ち上げ管制室の「零号指揮者」、王洪志の声が発射場に響き渡った。発射台からの退避がはじまる。

「15分前、準備」。全員が退避を完了した。

「5分前、準備」。船内の景と陳は座席のベルトをあらためてチェックする。

カウントダウンが進んでいく。50秒前に、ロケットに最後まで接続していたケーブルが分離された。

「5、4、3、2、1、点火！」

景と陳は船内で敬礼する。長征2号F／Gは発射台を離れた。

ロケットは打ち上げから20秒後、所定のコースに入るための姿勢制御を行った。62秒後に音速に達する。2分後、エスケープ・タワー（緊急脱出システム）を分離、2分34秒後に4本のブースターが分離された。続いて2分41秒後に第1段エンジン燃焼終了、第1段分離、第2段点火のプロセスが続く。

船内の様子は地上に中継されている。3分28秒後に神舟を保護していたフェアリングが分離され、宇宙船の窓から青い空が見えるようになると、2人はガッツポーズのように手を上げて、地上にそれを伝えた。

7分41秒後に第2段エンジン燃焼終了。ただし、エンジンについている4機のバーニアエンジン（小型のエンジン）はさらに115秒間燃焼を継続する。9分36秒後、バーニアエンジン燃焼終了。9分44秒後、第2段分離。

2016年10月17日、天宮2号に30日間滞在するというミッションを負って、2人の宇宙飛行士を乗せた神舟11号が打ち上げられた（写真：Featurechina／アフロ）

神舟11号は地球周回軌道に入った。3分後に太陽電池パネルを展開。天宮2号への旅が開始された。

1カ月の長期滞在を可能にした天宮2号

天宮2号は、神舟11号の打ち上げに先立ち、9月15日に高度390㎞の軌道に打ち上げられていた。天宮2号はもともと2011年に打ち上げられた天宮1号のバックアップである。天宮1号は基本的にはドッキング・ターゲットであり、軌道上でのランデブーとドッキングの技術をマスターするのが目的であった。しかし、天宮2号には宇宙飛行士が1カ月ほど滞在できるよう、全面的な改良が加えられた。生命維持システムは新しいものになり、居住性も高くなっている。

天宮2号は全長が約10m、直径3・35m、重量8・6トン。前の半分は実験・居住モジュールになっていて、フライトコントロール用パネルや科学実験装置、多目的机などがある。2名分の就寝用スペースや、エクササイズ用のマシンもある。自

天宮2号の宇宙飛行士と電話交信する習近平国家主席（写真：新華社／アフロ）

由時間にクルーは地上のテレビを見ることができ、家族とも交信できる。天宮2号の後ろ半分は機械やエンジンなどを収めた機器・推進モジュールである。

神舟11号は天宮2号よりも低い軌道をとって天宮2号を追いかけ、2日後に前方に天宮2号をとらえた。

スペースシャトルは国際宇宙ステーション（ISS）にドッキングする際、ISSの真下から接近する「Rバー・アプローチ」をとっていた。一方、ロシアの宇宙船は、同じ高度の軌道上で接近する「Vバー・アプローチ」の方式をとる。神舟もVバー・アプローチをとっている。神舟11号は天宮2号と同じ高度の軌道に入り、

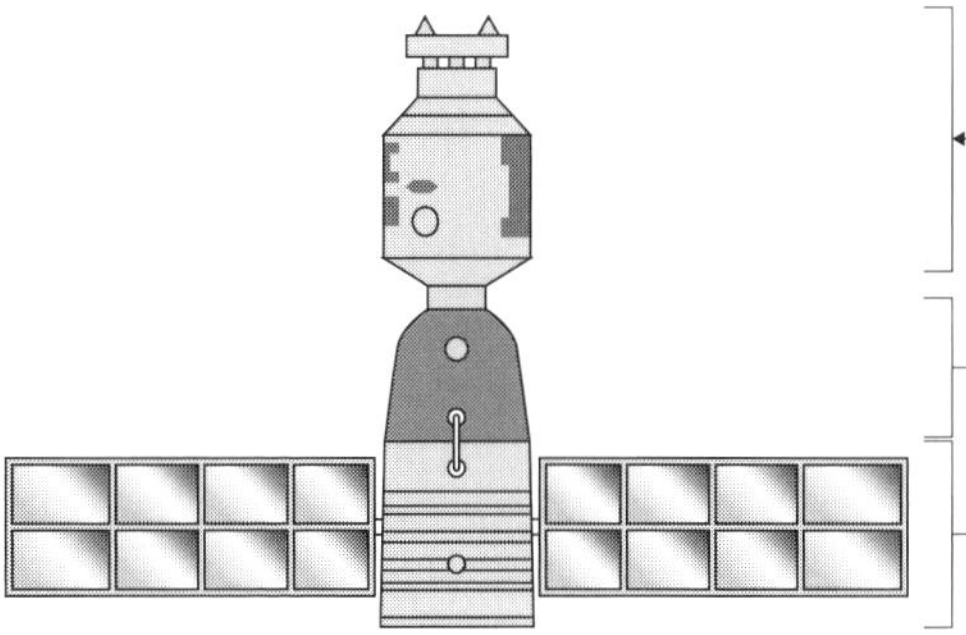

神舟宇宙船の各部名称

後方から接近していった。まず400mの距離で一度接近をストップし、相対的に停止した状態で安全を確認する。さらに120mまで接近したところでもう一度同じことを繰り返す。30mのポイントで最終の安全確認をし、天宮2号にドッキングした。

神舟11号の最大のミッションは、2018年に打ち上げがはじまる宇宙ステーションのために、宇宙で長期間生活するための技術を習得することである。景と陳は天宮2号に30日間滞在し、この間に、さまざまな技術の試験を行った。また植物培養、量子通信の実験、硬X線によるガンマ線バーストの観測なども行った。

大地への帰還

地球への帰還は11月18日であった。

12時41分、神舟11号は天宮2号から離れると、進行方向と90度の向きに姿勢制御し、軌道モジュールを分離した。軌道モジュールには30日間の宇宙滞在で発生した廃棄物が積まれている。これらは軌道モジュールとともに大気圏で燃えてしまう。

13時14分、神舟11号はエンジンのある機器・推進モジュールを進行方向に向け、軌道離脱のための逆噴射を開始した。神舟11号は次第に高度を下げていく。13時35分、神舟11号はアラビア半島をかすめるように飛び、パキスタンの上空にさしかかった。ここで、神舟11号は燃焼を終えた機器・推進モジュールを分離した。

神舟宇宙船の着陸場所は内モンゴルの四子王旗《スーズーワンホショー》・阿木古郎《アモグラン》の大草原である。阿木古郎はモンゴル語で「平安」を意味している。回収チームが活動を開始した。回収チームのミル17ヘリコプターは8機態勢で、まず5機が飛び立った。指揮機、捜索機、通信機、医療監督機、医療救護機である。着陸予想地点を中心にした36㎞×36㎞の領域が、5機のヘリコプターの待機区域として設定されている。すでに航空機1機が上空で探索を行っている。また、今回の着陸からは2機のドローンも参加した。地上部隊も着陸地点にむけて移動している。

航空機に搭載されたカメラの赤外線映像は、大気圏に再突入した神舟11号を、早い段階からとらえていた。明るい2つの点が落ちてくる。小さな点は景と陳が乗った神舟11号の帰還モジュールである。帰還モジュールは1500℃以上の高熱に包まれるが、耐熱シールドに保護されている。その後ろの明るい点は尾を引いている。燃えながら分解し、落下していく機器・推進モジュールである。

13時47分、パラシュートが開いた。地上のレーダーはすでに神舟11号を捕捉している。3機のヘリも現場に向けて飛び立った。

13時59分、着陸。着地の直前、帰還モジュールの底の小型ロケットが噴射し、着地の衝撃をやわらげた。10分後にはヘリコプターが着陸地点に到着した。草原に赤と白の縞模様のパラシュートが広がり、そのそばに神舟11号が横倒しになっている。カザフスタンの草原でくりひろげられるソユーズ宇宙船の回収と同じ光景である。景は自ら宇宙船のハッチを開けた。草原には風が吹き渡っていた。

神舟宇宙船の飛行実績

神舟宇宙船による有人飛行は6回行われている。

楊利偉が搭乗した神舟5号は2003年10月15日に打ち上げられ、地球を14周して、地球に帰還した。21時間23分の飛行であった。

神舟6号の打ち上げは2005年10月12日で、神舟5号の帰還から2年がたっていた。技術的に解決すべき点が多くあったものとみられる。特にロケット上昇時の宇宙船の振動が問題であった。また、楊は着地時の衝撃で唇を切ったといわれ、座席の衝撃吸収性能の改善も必要だった。搭乗者は費俊龍と聶海勝の2名であった。

神舟6号は4日間の飛行を行い、10月17日に帰還した。

921計画がスタートしたとき、計画は3つのフェーズにわけて進めることが決められていた。第1フェーズは有人宇宙飛行を実現すること、第2フェーズは軌道上でのランデブーやドッキング、宇宙空間での一定期間の滞在、宇宙実験室を実現すること、そして第3フェーズは宇宙ステーションの運用である。

神舟5号と6号で第1段階は完了し、神舟7号は第2段階のはじまりとなる飛行だったと考えられる。ただし、中国では神舟5号をもって第1段階は完了したとしているようである。

神舟7号は2008年9月25日に打ち上げられた。神舟6号から3年。宇宙船は新世代のものになり、多くの問題が解決された。中国がこの宇宙船に自信をもっていたことは、中国初の宇宙遊泳を行ったことからも明らかである。搭乗者は翟志剛、劉伯明、景海鵬の3人であった。翟は9月27日に15分間の宇宙遊泳を行った。神舟7号は3日間の飛行を行い、9月28日に帰還した。

第2フェーズでは宇宙実験室「天宮」とのドッキングを行うことになる。神舟8号はそのための無人試験飛行であった。天宮1号は2011年9月29日に打ち上げられていた。神舟8号は2011年11月1日に打ち上げられ、天宮1号との自動ドッキング試験を成功させた。

2012年6月16日に打ち上げられた神舟9号の搭乗者は景海鵬、劉旺、劉洋の3人で、劉洋は宇宙を飛んだ最初の中国人女性となった。神舟9号は6月18日、天宮1号と自動でドッキングに成功した。3人はその後、天宮1号に入り、6日間滞在した。6月24日、3人は神舟9号に移って天宮1号を離れ、その後、手動で再び天宮1号にドッキングした。クルーは天宮1号での滞在を続け、6月29日に帰還した。

神舟10号は2013年6月11日に打ち上げられた。搭乗者は聶海勝、張暁光、王亜平の3人であった。王は2人目の女性宇宙飛行士である。神舟10号は6月13日に天宮1号と自動でドッキングした。このフライトでも6月23日に手動でのドッキングが行われた。神舟10号は6月26日に帰還した。

神舟11号の飛行は前述のとおりである。第2フェーズにおける有人飛行は神舟11号が最後とみられる。次の神舟12号は、2018年に打ち上げられる宇宙ステーシヨンのコア・モジュールにドッキングする予定である。

ただし、第2フェーズではもう1つ、クリアしなければならないことが残っている。ロシアのプログレス補給船に相当する無人補給機の試験である。

中国の補給機は「天舟」と名付けられている。天宮1号をベースに開発されたもので、実験装置、生活用品、水、食料、推進剤など6トンの物資を輸送可能である。宇宙ステーションが地球を周回する軌道にはごくわずかに空気が存在する。宇宙ステーションはその抵抗で少しずつ高度が下がっていくので、ときどきエンジンを噴射して軌道を上げてやらねばならない。そのためには宇宙ステーションへの推進剤補給が必須である。

天舟は2017年に長征7号で打ち上げられ、天宮2号に自動ドッキングを行う予定である。

第3フェーズへ

中国の有人宇宙計画は、宇宙ステーションの建設によっていよいよ第3フェーズへとはいっていく。

宇宙ステーションは改めて「天宮」と名付けられる。ロシアのミール宇宙ステーションと同じように、いくつものモジュールを結合させることによって構成される。「天和《ティエンフォ》」とよばれるコア・モジュールは制御区画や居住区画をもち、前方に4個、後方に1個のドッキングポートをもつ。前方のドッキングポートに他のモジュールや神舟宇宙船が結合する。後方のドッキングポートは補給機の天舟用である。全長約18m、直径約4mである。電力供給のため、天和は3枚の大きな太陽電池板をもつ。

天和は2018年に長征5号Bで打ち上げられる予定である。その後、「問天《ウェイティエン》」と「梦天《モンティエン》」という2つのモジュールが打ち上げられ、T字型の宇宙ステーションが完成する。

問天は中国空間技術研究院（CAST）が開発したモジュールで、全体は3区画に分かれている。一番手前は与圧された作業区画、その後ろが船外活動のためのエアロックになっている。その後ろは宇宙空間に曝露された環境を提供する場所になる。夢天は上海航天技術研究院（SAST）が開発したモジュールで、与圧された作業区画と宇宙空間に曝露された区画からなっている。

天和は重量約22トン、問天、夢天はそれぞれ重量が約20トンあり、全体で重量60トンを超える構造物が出来上がることになる。宇宙ステーションの完成は2022年頃とされている。

また、「巡天《シュンティエン》」という宇宙望遠鏡も打ち上げられる。巡天はハッブル宇宙望遠鏡をしのぐ観測能力をもっているとされ、宇宙飛行士によるメンテナンスのために、時々天宮に結合することになっている。

有人宇宙計画の本拠地・北京航天城

中国の有人宇宙飛行計画は921計画がスタートした時に決定された路線を着実に実現して、現在に至っている。今後、宇宙ステーションの建設によって、中国の有人宇宙活動はさらに躍進を遂げることになるであろう。

こうした有人宇宙計画を遂行している体制がどうなっているかをみておこう。

中国の有人宇宙計画を遂行する主体として設立されたのが、人民解放軍装備発展部内に設置されている載人航天工程弁公室である。英語名はChina Manned Spaceflight Agency（CMSA）となっており、国際的な場でも中国の有人宇宙計画を担当する機関として活動している。載人航天工程弁公室には5つの部署がある。科学技術計画部（計画全体の立案、開発、運用）、基盤建設部（発射場などの工事）、システムデザイン部（設計）、国際協力部、情報広報部である。

中国の有人計画には、人民解放軍の他、国防科技工業局や中国航天局、中国科学院、さらには中国航天科技集団公司（CASC）など多数の組織や企業が関与しているため、こうした関係先との調整も載人航天工程弁公室の大きな仕事である。中国の有人宇宙計画には、数十万人の人員と３０００の組織が関わっているといわれる。

中国の宇宙飛行士は空軍のパイロットから選抜され、人民解放軍航天員大隊に所属している。宇宙飛行士は現在21名である。内訳は１９９５年選抜組２名、１９９８年選抜組12名、２０１０年選抜組７名である。そのうち11名が宇宙飛行を経験している。楊利偉は現在、載人航天工程弁公室の副主任をつとめている。また、２００７年10月の中国共産党第17期全国代表大会で中央委員会候補委員に選ばれた。聶海勝は現在、航天員大隊の大隊長である。

航天員大隊は装備発展部直属の部隊で、駐屯地は北京航天城である。北京市の北西郊外に位置するこの北京航天城は、中国の有人宇宙計画の本拠地といえる。このエリアには航天員大隊のほか、宇宙飛行士の訓練センターやミッション・コントロール・センターも置かれている。また中国空間技術研究院（ＣＡＳＴ）もここにあり、神舟や天舟、天宮などの開発、製造、試験が行われている。

中国航天員科研訓練センター（ＡＣＣ）は、銭学森が設立した航天医学工程研究所が現在に至ったもので、かつては507研究所ともよばれてきた。現在ではアメリカのジョンソン宇宙センターやロシアのガガーリン宇宙飛行士訓練センターに次ぐ規模の宇宙飛行士訓練センターとなっている。

1998年に選抜された宇宙飛行士たちの訓練期間は4年であった。1年目は主に宇宙飛行に関する基礎学習を行う。その後の3年間で、神舟宇宙船のシミュレーターを用いた飛行訓練や緊急事態発生時の脱出訓練、巨大プールでの船外活動訓練などを行う。遠心機による高G訓練や、砂漠、森林、海上でのサバイバル訓練、パラシュート降下訓練もある。

中国の宇宙飛行士の訓練は、基本的にはロシアの訓練方法に基づいている。

北京航天飛行控制センター（BACC）は、モスクワ郊外にある宇宙飛行管制センター（TsUP）、あるいはヒューストンにあるNASAのミッション・コントロール・センターに相当する管制センターである。神舟宇宙船、天宮1号、2号による有人ミッションと、嫦娥による月探査ミッションで使われた。宇宙ステーションが運用を開始すれば、24時間のフル稼働となる。多数の端末が並ぶフロアの正面には、巨大なスクリーンにミッションの状況が刻々と表示される。フロアの奥にはＶＩＰ用の席も用意されている。またＴｓＵＰと同じように、２階に見学席が設置されている。

長征２号Ｆによる神舟宇宙船の打ち上げの際、打ち上げ管制を行うのは酒泉衛星発射センターにある管制センターである。酒泉と北京はリアルタイムでつながっており、北京航天飛行控制センターのスクリーンに刻々と映像が表示されていく。酒泉の打ち上げ管制センターは神舟がロケットから切り離されて地球周回軌道に達するまでを担当し、以後の管制を北京が引き継ぐことになる。

月への有人飛行を目指す

宇宙ステーションを完成させた後、中国は月面を目指すことになる。地球周回軌道にとどまらず、月をも含む広大な宇宙空間にプレゼンスを確立することが、中国の有人宇宙計画の目的である。

中国は早い段階から月への有人飛行を研究してきた。特に長征5号の開発がスタートしてからは、このロケットを使った月着陸ミッションをかなり具体的に検討している。しかし、長征5号の打ち上げ能力は地球低軌道へ25トンである。ヘビー級のロケットではあるが、月ミッションにはこれでも力不足である。中国がこれまで国際会議などで発表してきた資料を読むと、長征5号を使った月着陸ミッションは非常に複雑なものになる。

例えば1つの案では、次の通りである。まず、無人の月着陸船を地球周回軌道に打ち上げる。次に月着陸船を月軌道にまで送り込むための推進モジュールを打ち上げる。月着陸船と推進モジュールを軌道上で自動ドッキングさせ、推進モジュールに点火し、月着陸船を月周回軌道に送りこむ。次にもう1つの推進モジュールを地球周回軌道に打ち上げる。その後、宇宙飛行士が搭乗した神舟宇宙船を打ち上げる。神舟宇宙船は軌道上で推進モジュールとドッキングし、推進モジュールに点火して、月周回軌道を目指す。月着陸船と推進モジュールの打ち上げには長征5号を、神舟宇宙船の打ち上げには長征7号を使う。

月周回軌道上で、神舟宇宙船は月着陸船とドッキングする。次に宇宙飛行士は月着陸船に乗り移り、月面着陸を行う。月面での作業が終了すると、月着陸船の上段に点火して月面を離れ、軌道上の神舟宇宙船とドッキングする。宇宙飛行士が戻った後、神舟宇宙船は月着陸船を分離し、機器・推進モジュールのエンジンに点火して地球に帰還する。

地球軌道ランデブーと月軌道ランデブーを組み合わせたこの方式は複雑で、技術的リスクが高い。しかも、1つのミッションで長征5号を3回、長征7号を1回打ち上げなくてはならず、現実的でないことは明らかである。こうして中国の有人月着陸ミッションは、アポロ計画を成功させたサターン5型ロケットに匹敵する巨大ロケット、長征9号の出現を待つこととなった。

現在開発中の長征9号の詳細はまだ明らかにされていないが、全長約100m、直径は10mといわれている。低軌道に130~140トンの打ち上げ能力をもつ。

長征9号には強力なロケット・エンジンが必要で、現在、ケロシンと液体酸素を推進剤とする推力650トンのエンジン、YF－660と、液体水素と液体酸素を推進剤とする推力200トンのエンジン、YF－220が開発されている。ちなみに、長征5号で使われているケロシン燃料のYF－100エンジンの推力は122トン、水素燃料のYF－77エンジンの推力は70トンである。

長征9号はまだコンフィギュレーション（全体構成）が検討されている段階とみられる。これまで2つの案が発表されていた。A案では、第1段に4基のYF－660が使われる。ブースターにもYF－660を1基搭載したロケットが4本用いられる。第2段には2基のYF－220が使われる。B案では、第1段に4基のYF－220が使われる。ブースターは新開発の固体燃料ロケット4本である。第2段にはYF－220が1基使われる。B案でYF－660が採用されていないのは、YF－660が大きな技術的チャレンジであり、2030年までに開発が完了しないケースを想定してのものとみられる。

最近、長征9号の新しいコンフィギュレーションが発表されている。それによると、長征9号は3段式になり、第1段とブースターには全部YF－660が採用されている。YF－660の開発にめどがたったものとみられる。第2段と第3段に

ＹＦ－２２０が使われる。

ＹＦ－６６０は中国航天科技集団公司（ＣＡＳＣ）傘下の中国運載火箭研究院（ＣＡＬＴ）と航天推進技術研究院（ＡＡＬＰＴ）が共同開発している。中国航天科技集団公司は２０１６年、このエンジンのガスジェネレーターとターボポンプの試験に成功したと発表した。

ＹＦ－２２０は航天推進技術研究院傘下の北京航天動力研究所（ＢＡＰＩ）が開発している。

また、航天動力技術研究院（ＡＡＳＰＴ）では直径３ｍの固体燃料ロケットを開発している。すでに２つのセグメントでの燃焼実験に成功したとのことである。長征９号では、この固体燃料ロケットの５セグメントのバージョンがブースターに使われる可能性がある。

長征９号が登場する２０３０年頃には、中国の宇宙ステーションは10年以上運用されており、中国の宇宙飛行士やそれを支える地上のシステムは、宇宙空間で長期間活動するためのノウハウと経験を蓄積しているであろう。有人宇宙船技術の信頼性も高くなっているはずだ。また、この頃には嫦娥は何度も月面に着陸し、月面を移動し、月の試料を地球に持ち帰っているだろう。月周回軌道でのランデブーやドッキング、月面着陸、月面移動の技術がマスターされているはずである。

こうして、宇宙ステーションの運用、月の無人探査、そして長征9号によって、有人月着陸を実現する手段がすべてそろうことになる。

中国の有人月着陸は3段階で行われる。第1段階は月周回ミッションで、アポロ計画でいえば、アポロ8号の飛行に相当する。第2段階は月周回軌道でのランデブーやドッキング技術の試験である。アポロ10号と同じミッションである。そして第3段階がアポロ11号と同じ月着陸となる。

神舟宇宙船と宇宙ステーション計画、嫦娥計画、長征9号開発計画は、現在、それぞれが独立して進められている。担当機関も異なっている。しかし、それらは有人月着陸という同じ目的をもっているのである。

第7章
進められている軍事利用

衛星破壊実験

２００７年1月11日22時19分（世界標準時）ごろ、静止軌道上のアメリカの早期警戒衛星ＤＳＰは中国、四川省からのミサイル発射を検知した。情報はすぐに地上のステーションに送られた。ＤＳＰの赤外線センサーがとらえている熱源は、すぐに西昌衛星発射センターから発射されたらしいことが判明した。人工衛星を打ち上げる際には、前もって打ち上げ情報を記した「ノータム」を公表するのが国際ルールである。しかしこの日の、西昌衛星発射センターからの打ち上げのノータムは出ていなかった。

それは衛星の打ち上げではなく、衛星を破壊する実験であった。

西昌衛星発射センターから発射されたミサイルは約40秒後に第1段を分離、第2段に点火して北方向に上昇していった。約80秒後には第2段の燃焼が終わり、切り離された弾頭がさらに上昇を続けた。ミサイル発射から86秒後、北の地平線から１つの衛星が姿を現した。１９９９年に打ち上げられ、すでに運用を終了している中国の気象衛星、風雲1号Cである。風雲1号Cは地球を南北にまわる太陽同期軌道をとっており、西昌衛星発射センターの真上にさしかかろうとしていた。軌道高度は856㎞である。

弾頭は重量約600kgで、赤外線シーカーでターゲットを捕捉し、接近していく。22時26分、弾頭は西昌衛星発射センターから北北西に約700㎞、ゴロク・チベット族自治州の上空で風雲1号Cに衝突した。風雲1号Cは弾頭と秒速約9㎞の相対速度で衝突したとみられる。ほぼ正面衝突に近く、風雲1号Cは完全に破壊された。多数の破片が雲のようになって軌道をまわりはじめた。破片は風雲1号Cの軌道だけでなく、それより高い軌道にも低い軌道にも広がっていった。

1月18日に、NORAD（北アメリカ航空宇宙防衛司令部）は32個の破片についてTLEを発表した。TLE（ツーライン・エレメント）とは、人工衛星など軌道上物体の軌道要素を、その物体のカタログ番号などとともに示すもので、数値が2行で表示されるのでこうよばれる。2週間後にはTLEの数は500になり、7月には2000に達した。弾頭は爆発したわけではなく、ただ風雲1号Cに衝突しただけであったが、この衛星破壊実験で、地上からレーダーで追跡可能な10㎝以上の破片が３４００個以上生じた。現在も２８００個以上が軌道上にある。ＮＡＳＡでは1㎝以上の破片が３万５０００個以上発生したと推定している。

この衛星破壊実験に使用されたミサイルはＳＣ－19と考えられている。ＳＣ－19は準中距離弾道ミサイルＤＦ－21を中国航天科工集団公司（ＣＡＳＩＣ）が衛星攻撃用に改造したミサイルである。固体燃料の２段式で、ＴＥＬ（輸送起立発射機）から発射される。

この衛星破壊実験はアメリカの『アヴィエーション・ウィーク・アンド・スペース・テクノロジー』誌が最初に報道し、1月18日にアメリカ政府もこれを確認した。中国外務省は1月23日に実験を行ったことを認めた。

新たなASATミサイルも登場

対衛星攻撃はＡＳＡＴ《エーサット》とよばれる。ＡＳＡＴは躍進を遂げる中国の宇宙開発のも

年　　月	使用されたミサイル	試験の内容
2005年7月5日	SC-19	ASAT用ミサイルの試験
2006年2月6日	SC-19	軌道上のターゲット破壊に失敗
2007年1月11日	SC-19	軌道上のターゲット破壊に成功
2010年1月11日	SC-19	弾道軌道のターゲット破壊に成功
2013年1月27日	SC-19	弾道軌道のターゲット破壊に成功
2013年5月13日	DN-2	ASAT用ミサイルの試験
2014年7月23日	SC-19	弾道軌道のターゲット破壊に成功
2015年10月30日	DN-3	ASAT用新型ミサイルの試験

中国が行ったASAT試験

う1つの顔である。そこからは中国宇宙開発の軍事的側面が見えてくる。中国は宇宙空間を未来の戦場と考えているのである。

アメリカは中国の宇宙開発が軍主導であることを警戒しており、特にＡＳＡＴに強い懸念を抱いている。中国は別表の通り、これまでに8回のＡＳＡＴ実験を行っている。

２００７年の実験の前に、中国はＳＣ－19によるテストを2回行ったとみられる。２００５年はミサイル自体の試験で、２００６年にはターゲット破壊に失敗した。２００７年の実験では多数のスペースデブリ（宇宙ごみ）が発生し、国際的に非難されたため、ＳＣ－19によるその後2回の実験では、デブリが発生しない低い軌道でターゲットを破壊している。

中国はこれらをミサイル防衛システムのための実験と主張している。SC－19はすでに相当数が実戦配備されていると考えられている。

SC－19は低軌道上の衛星しか攻撃できない。2013年5月に試験されたDN－2（動能2）は、高高度の衛星を攻撃するために開発されたミサイルであった。このとき、弾頭は高度約3万㎞にまで達したが、何かに衝突することなく、大気圏に再突入した。その特殊な軌道から、アメリカ国防省はこの実験が高度約2万㎞のGPS衛星や高度3万6000㎞の静止軌道上の衛星攻撃を想定したものと考えている。一方、中国は「科学観測」と主張している。DN－2は2020年ごろに配備されるとみられる。

2015年10月には新型のASAT用ミサイルDN－3が登場した。DN－3はDN－2を高性能化したミサイルで、静止軌道の衛星攻撃が目的とみられている。中国はDN－3の試験もミサイル防衛システムのためと主張している。

2007年にSC－19を発射した場所は、西昌衛星発射センターのLC2およびLC3発射台の西にあるサイトとみられる。SC－19は移動発射式なので、ここに

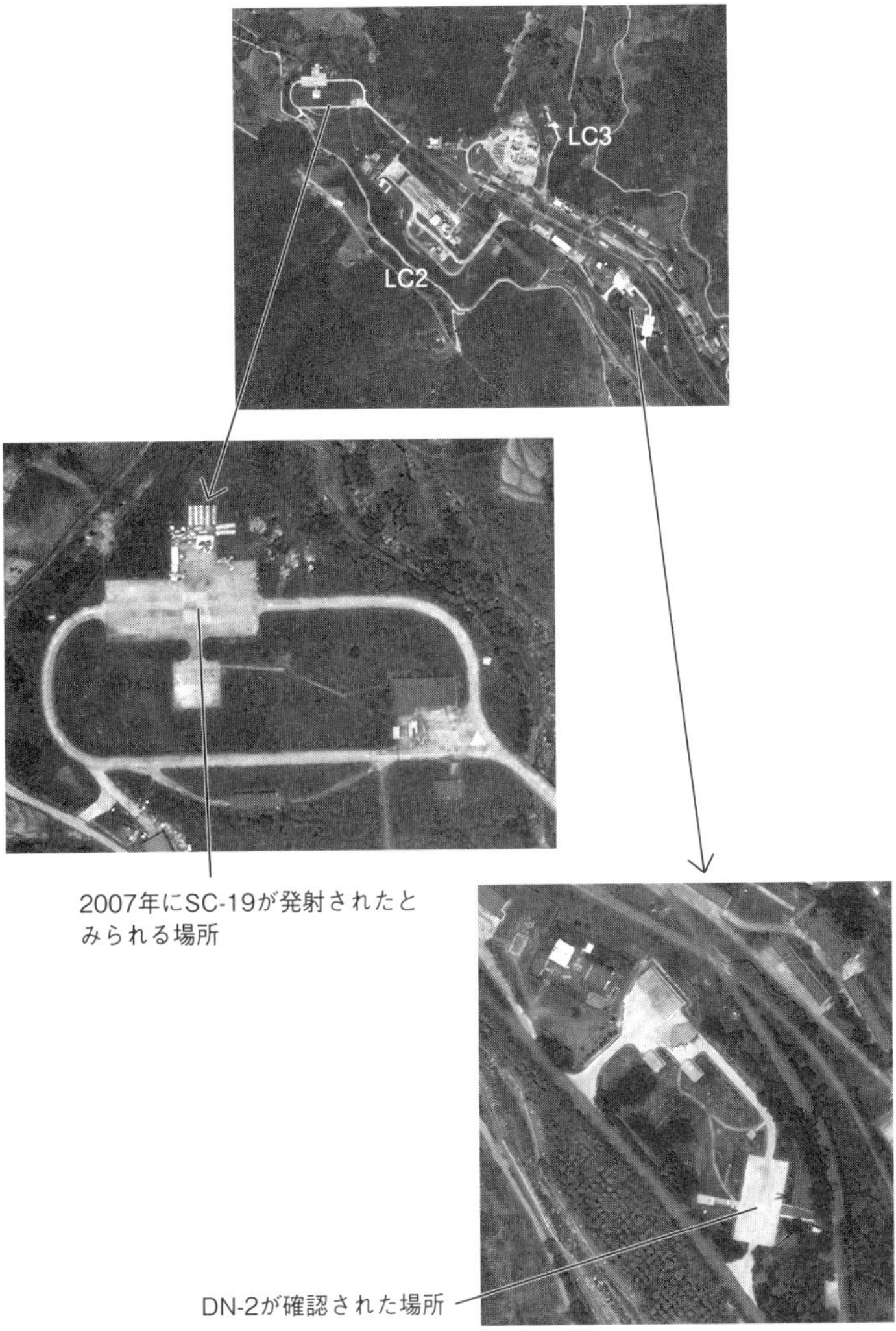

西昌衛星発射センターとASAT用ミサイルの打ち上げ場所　　Bing Map

は整備塔などの施設はない。またLC２およびLC３の東のサイトではDN－２を起立させた輸送起立発射機が衛星画像で確認されている。

２０１０年1月、２０１３年1月、２０１４年7月、２０１５年10月の実験は、新疆《しんきょう》ウイグル自治区のコルラ・ミサイル実験場から発射された。ロプノール核実験場の北西に位置するコルラ市はバインゴリン・モンゴル自治州の州都で、ミサイル実験場はその南東約30㎞の場所にある。

ハードキルからソフトキルへ

これまで述べたASAT実験は、キネティック（運動エネルギー）弾頭を用いたものである。こうした「ハードキル」兵器は多数のデブリを発生させる。そのため、衛星攻撃をくり返すと、自国の衛星をデブリ衝突の危機にさらすことになる。中国がアメリカの衛星に攻撃を仕掛け、それに対してアメリカが対抗手段をとれば、地球はデブリの雲におおわれてしまい、宇宙空間はもはや人間が利用できる場所ではな

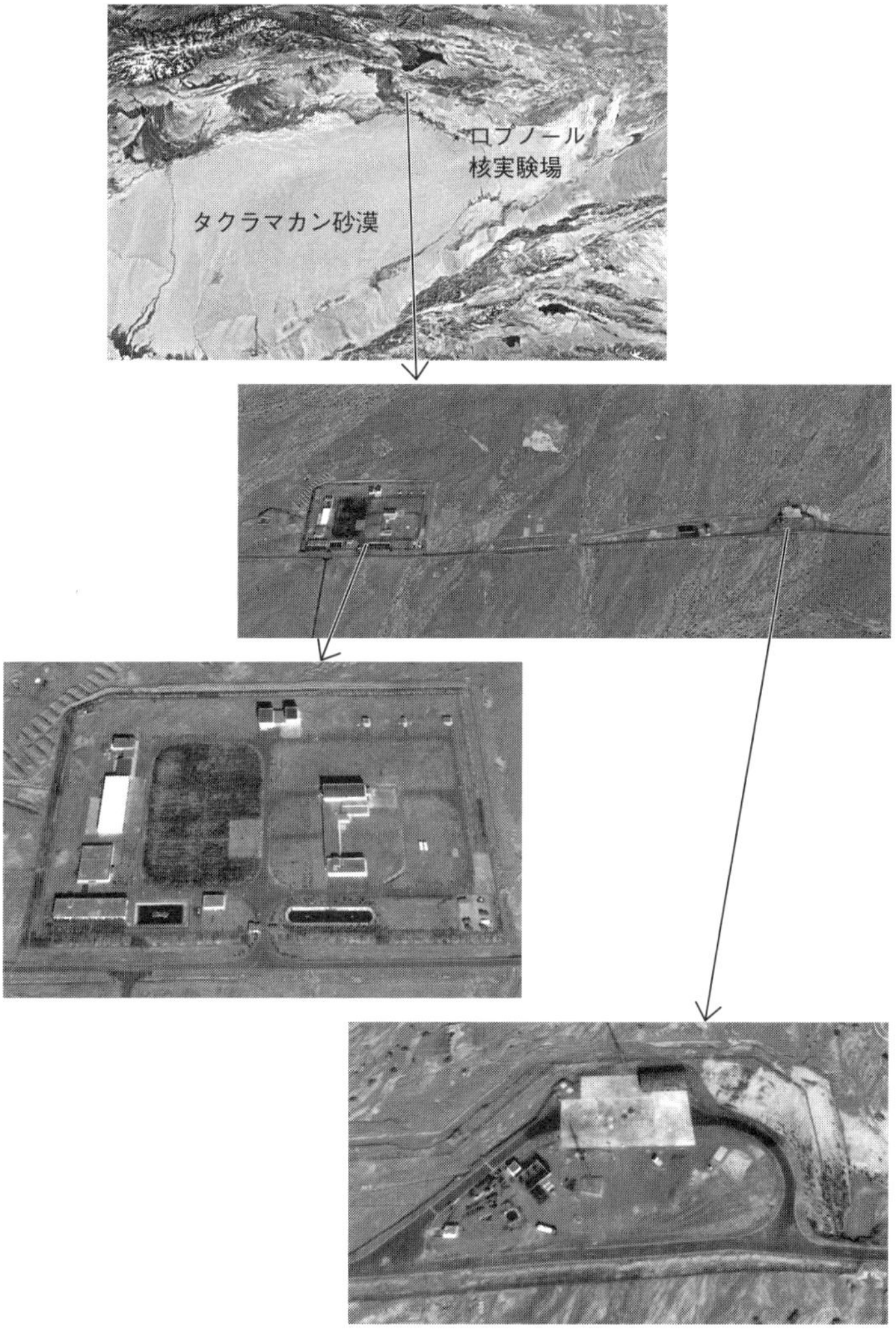

ASAT実験用ミサイルを発射したとみられるコルラ・ミサイル実験場のサイト　Google Map

くなってしまう。キネティック弾頭は、現実には使用が難しい兵器である。

実は、この問題を中国も認識している。そのため、中国は衛星を破壊せずに無力化させる「ソフトキル」兵器の開発に力を入れてきた。高出力レーザー、荷電粒子ビーム、マイクロ波ビームなどを用いる指向性エネルギー兵器、あるいはダイレクト・エネルギー兵器といわれるものである。

指向性エネルギー兵器には、デブリを発生させないこと以外に、いくつかの利点がある。1つは、衛星を全損させることも可能だが、一時的にセンサーや電子回路の働きを妨害することも可能なことである。実はこれと同様のことは、現在米ロ間では時々行われており、お互いに目をつぶっている。衛星の光学センサーを一時的に使用不能にする「目くらまし」や衛星機能を妨害するジャミングなどである。したがって、こうした方法での指向性エネルギー兵器の使用に関しては、ハードルが高くないと考えられる。また、ミサイルによる衛星破壊は、発射の瞬間から早期警戒衛星と早期警戒レーダーで検知され、誰がどこから発射したかがすぐにわかってしまう。したがって、ミサイルによる衛星破壊は、相手国との全面戦争ないしそれに準じた状況を覚悟しなければならない。しかし、指向性エネルギー兵器による攻撃においては、発射とほぼ同時に攻撃が行われ、しかもその発射源を特定することは困難である。

２００５年にアメリカの偵察衛星に対してレーザーが照射され、偵察活動が妨害される事態が起こっている。２０１３年、これが中国によるものであることが、実際にこの攻撃を行った中国人技術者の話から明らかになった。中国の対衛星レーザー兵器は急速な進歩を遂げていると考えられ、軌道上の物体を攻撃できる大型のレーザー施設をすくなくとも1カ所はもっているとみられている。

指向性エネルギー兵器は将来、移動車両、航空機、衛星、宇宙ステーションなどからも発射可能になる。中国は将来の宇宙空間への配備も考え、運搬できるタイプの兵器開発を進めている。特にレーザー砲に関しては、すでに運搬型の試作が行われている。

ソフトキル兵器としては、軌道上で相手の衛星を捕捉・攻撃する共通軌道（コオービタル）兵器も、中国は開発中とみられる。この対衛星兵器は通常は普通の小型衛星の姿をして軌道をまわっている。命令を受けると、軌道を変更してターゲットの衛星に接近する。キネティック兵器としてそれ自体が衝突して相手の衛星を破壊する方法（カミカゼ衛星）以外に、搭載している爆薬やレーザー、電磁パルスなどによって、ターゲットを破壊する方法もある。

２００８年９月、神舟７号から小型光学衛星ＢＸ－１が軌道投入された。この衛星は地球観測に使われる他、アメリカの衛星や宇宙船に接近して偵察を行うことも可能であった。また、ＢＸ－１は事前の通告なしに国際宇宙ステーションからわずか45㎞しか離れていないところを通過した。この接近はオーストラリアとニュージーランド間の海域上空で行われ、その真下には中国の追跡管制船「遠望」がいた。明らかに何らかの「作戦」ないし「訓練」が行われたと考えられる。

小型衛星にロボットアームをとりつけ、ターゲットを捕獲したり、破壊したりすることもできる。２０１３年７月に、中国は３機の小型衛星ＣＸ－３、ＳＹ－７、ＳＪ－15を打ち上げた。このうちの１機（おそらくＳＹ－７）はロボットアームをもっており、他の衛星のうちの１機をロボットアームで捕捉し、軌道変更して、２００

5年に打ち上げられた衛星、実践7号の近くまで移動した。ここでもまた、何らかの試験が行われたわけである。ロボットアームをもつ衛星は、故障した衛星の修理やスペースデブリの除去などにも利用できるが、ASAT兵器としても非常に有効である。

最近、中国は小型衛星の開発と利用に力を入れている。民生分野での利用のほか、軍事的にも高い価値があると考えている。2015年9月に、中国は新しいロケット長征6号を打ち上げた。ペイロードは軌道上でさまざまなデモンストレーションを行う小型衛星20機であったが、その中には重量わずか100gというマイクロサテライトならぬ「フェムトサテライト」も4機含まれていた。中国が小型衛星のさまざまな可能性を探っているのがわかる。

サイバー攻撃もソフトキル手段の1つである。2007年10月と2008年7月、USGS（アメリカ地質調査所）の地球観測衛星ランドサット7号にサイバー攻撃がかけられ、12分間以上、観測が妨害された。ただし、衛星の指令系統は乗っ取られなかった。2008年6月には、NASAの地球観測衛星テラに2回サイバー攻撃がかけられ、1回目は2分間以上、2回目は9分間以上、観測が妨害された。両方のケースで、衛星にコマンドを与えるすべてのステップが破られ、衛星は外部のコントロール下に置かれたが、敵対的なコマンドを実行することは行われなかった。これらのサイバー攻撃には中国が関与していたと考えられている。

2014年9月、NOAA（アメリカ海洋大気庁）がアメリカ軍と政府機関に観測画像や気象情報を提供しているシステムがハッキングされ、NOAAは2日間、情報提供を停止した。NOAAはこの攻撃が中国からしかけられたものである確証をもっているようである。

衛星攻撃に対抗する手段

「鷙鳥《しちょう》の撃つや、毀折《きせつ》に至るものは、節なり。是の故に、善く戦う者は、其の勢や険にして、其の節は短し。勢は弩《おおゆみ》を張るが如くし、節は機を発するが如くす」（孫子）

（鷹が獲物を一撃で打ち砕くのは、その絶妙のタイミングによるものである。同様に、戦いをよく知る者は、敵に抵抗する余裕を与えない瞬間的な攻撃を、絶妙のタイミングで行う。引き絞った大弓のように戦力を蓄え、一瞬で敵を倒さなくてはならない）

Ｃ４ＩＳＲ（指揮・統制・通信・コンピューター・情報・監視・偵察）の多くを軌道上の衛星に依存する今日の戦争は、引き絞った大弓から放たれる最初の矢、すなわちＡＳＡＴによって戦端が開かれる。はたして中国が近い将来、ＡＳＡＴを使う可能性はあるだろうか。その可能性は大いにある。ＡＳＡＴは台湾、南シナ海、東シナ海などでの局地紛争で使われる可能性が高い。その際、ソフトキル兵器はきわめて有効な攻撃手段となるだろう。

中国は今、さまざまなＡＳＡＴ手段を開発し、実験し、実戦配備しようとしている。一方、アメリカはキネティック方式のＡＳＡＴ手段は保有しているが、実験は１９８０年代に終えており、最近では２００８年に１度実験を行っただけである。このときはＳＭ－３ミサイルが用いられ、故障して大気圏に再突入することになった偵察衛星がターゲットであった。指向性エネルギー兵器に関しては、1980年代に進められたスターウォーズ計画（SDI）が中止されて以降、研究はほとんど行われていない。その間に中国はさまざまなASAT手段を開発してきた。ASAT能力に関しては、もはやアメリカに対して優位に立っているといって過言ではない。そのため、アメリカでは中国のASATに対する警戒感が高まり、さまざまな対策を検討している。

現在考えられているASATへの対抗策と、その難点は次の通りである。

（1）攻撃に対して衛星を見つかりにくくする。また、攻撃に対して強靭にする。ただし、この方法はすでに打ち上げた衛星には使えない。またASAT攻撃を防御できる衛星の開発は難しい。

（2）攻撃された衛星と同じ衛星を再度打ち上げる。ただし、これには時間と費用がかかる。

（3）偵察や監視に用いる衛星を小型衛星のコンステレーションにする。小型衛星は探知されにくく、ステルス性をもつ。軌道変更できる能力があれば、さらに攻撃が困難になる。衛星が1機ないし数機失われても大きな影響はない。ただし、多様な目的をもつ軍事衛星をすべて小型衛星のコンステレーションに置き換えることはできない。

（4）民生用の衛星を利用する。地球観測衛星を偵察任務に使うことはできるが、観測能力に限界がある。また、すべての軍事衛星の任務を民生用の衛星で代替することはできない。

（5）攻撃された衛星の任務を無人航空機、高高度気球、ドローンなどで代替する。ただし、この方法は活動範囲が限られる。

（6）同盟国の衛星を利用する。ただし、同盟国の衛星も攻撃される可能性がある。

（7）ASAT兵器を攻撃する。地上施設への攻撃は可能だが、移動発射システムに対しては攻撃が困難。

（8）宇宙からASATシステムを攻撃する。ある種のASAT攻撃に対しては有効かもしれないが、この方法は宇宙の軍事利用を加速させてしまう危険性がある。

このように、どの対策も実現はなかなか難しい。

そのようなわけで、衛星攻撃を受けた場合に最も有効な対応は、破壊された衛星を代替する小型衛星のコンステレーションを即座に打ち上げることであると考えられている。

当然のことながら、中国も同じことを考えている。そのような即応態勢のために、中国は小型衛星に力を入れているのであり、長征6号、長征11号、そして快舟を開発したのであった。長征11号と快舟は固体燃料ロケットであり、即座に打ち上げ可能である。移動起立発射機からの打ち上げのため、場所を選ばない。長征6号も液体燃料ロケットでありながら、打ち上げまでの期間がきわめて短い。2015年の初打ち上げで20個の小型衛星を打ち上げたのは、すでに述べた通りである。

また、中国の場合、民生用の衛星も最初からデュアルユースになっているため、すでに述べた（4）の方策に関しては、平時からその態勢になっている。

有人軍事プラットフォーム

中国人民解放軍は宇宙空間を未来の戦場とみなし、宇宙でのさまざまな軍事作戦を検討している。その中で重要視されているのが、有人軍事プラットフォームである。現代の戦争はコンピューターや無人機が行う要素が強くなっている。宇宙空間でも同様であるが、人間がいることによって、作戦全体の信頼性が飛躍的に高まると考えられている。有人プラットフォームは、特に宇宙空間からの衛星攻撃に威力を発揮する。

したがって、神舟宇宙船や宇宙ステーション「天宮」も軍事利用される可能性がある。

実際、神舟宇宙船において軍事ミッションが行われたことは、早い段階から指摘されてきた。神舟1号から4号までの無人ミッションでは、ELINT（電子諜報）が行われていたとみられている。軌道モジュールに2種類のアンテナが設置されていたからである。1つは3本のブームの先に取り付けられたUHFアンテナで、地上の電波をとらえるためのものである。もう1つは弧状に並べられた7個のホーンアンテナで、地上の電波源の位置を特定するためのものであった。中国はそれまでELINT衛星をもっていなかった。おそらく、神舟宇宙船でのELINTは、中国の宇宙からの偵察活動にとって大きな意味をもっていたであろう。神舟4号の軌道モジュールは2003年のイラク戦争開戦時に飛行しており、中国はアメリカの軍事行動について貴重な情報を取得したとみられる。

神舟3号と4号には、偵察用のカメラも搭載されていた。カメラは軌道モジュールの先端と軌道モジュール本体の2カ所に設置されており、開口部の大きさから、カメラの口径は50〜60㎝とみられている。2台のカメラを用いることにより、広域からクローズアップまでいくつものモードで撮影が可能。カメラの最大分解能は1・6mとのことであった。これらのことは、中国が公開したニュース映像や雑誌に掲載されていた組み立て中の神舟の写真の分析から明らかになったことである。

有人飛行となった神舟5号と神舟6号にも、同じ偵察用カメラが設置されていたことが確認されている。

天宮1号や2号は、将来の宇宙ステーションのための技術を獲得するためのものであったが、軌道上から偵察活動を行う軍事プラットフォームとしての有効性を検証することも、重要な目的であったことは間違いない。

中国においては将来、何らかの形で「宇宙軍」が創設され、宇宙空間に常駐することになるであろう。

神龍と東風ZF

かつてのソ連がそうであったように、中国もまた、アメリカが保有あるいは研究開発している宇宙機をすべて自分たちももちたいと考えている。

中国が研究開発に取り組んでいる宇宙機の1つは、アメリカのX−37Bに対抗するミニシャトル型の無人宇宙機である。X−37Bはボーイング社製で、アメリカ空軍が運用している。全長8・8m。貨物室にさまざまなペイロードを積み、軌道上で偵察、情報収集などの任務を行っているとみられる。打ち上げはアトラスVロケ

中国の爆撃機H-6に取り付けられた「神龍」

ットで行う。帰還時はスペースシャトルと同じように、滑空飛行して滑走路に着陸する。X－37Bは無人なので、ミッション期間が長く、1年以上軌道上にとどまることができる。しかも、軌道を自由に変更できるので、軌道上の活動を捕捉されにくい。X－37Bは2010年から運用が開始されている。

中国版X－37Bは「神龍《シェンロン》」という名前がついている。その詳細は機密のベールに包まれているが、2007年に大型爆撃機H－6に懸吊された写真がネット上に流れた。この写真をみると、全長は5～6m、機体下部は黒い材料で覆われており、大気圏再突入時の耐熱シールドとみられる。全長約9mのX－37

Bにくらべてサイズが小さいことから、大気中での飛行性能を調べる小型の試験機と考えられる。おそらく、上空で切り離され、滑空飛行を行ったのであろう。

神龍も、軌道上でX－37Bと同じようなミッションを行うであろう。相手国の衛星を捕獲し、中国に持ち帰るミッションも可能かもしれない。

現在、中国運載火箭技術研究院は20人乗りのスペースプレーンを開発中である。発射台から垂直に打ち上げられ、滑空して着陸する。神龍はそのための試験機という見方もある。しかしながら、中国の宇宙開発はすべてデュアルユースである。神龍のデータはスペースプレーン開発に利用されるかもしれないが、それ自体、軍事的価値の高い宇宙機として実戦配備されるであろう。

もう1つは、極超音速飛翔体である。

アメリカでは、DARPA（国防高等研究計画局）と空軍が、極超音速飛翔体ファルコンを共同開発している。そのオリジンは第二次世界大戦中の宇宙航空技術者オイゲン・ゼンガーによるシルバーバードにまでさかのぼることができる。実現はしなかったが、大気圏の縁を極超音速で滑空飛行し、地球の裏側を攻撃するドイツの秘密兵器であった。

　これと同様の飛翔体を中国も開発している。以前はＷＵ－14とよばれていた「東風ＺＦ」（ＤＦ－ＺＦ）である。

　東風ＺＦはマッハ５～10のスピードで飛ぶ極超音速滑空飛翔体である。ＤＦ－21ミサイルの弾頭として発射され、大気圏外に達する。通常の弾頭の場合、ここから大気圏に再突入して落下していくが、東風ＺＦは大気圏の縁を滑空してより遠くまで飛行し、目標を攻撃する。地球の裏側まで達することも可能で、世界のどの地点でも１時間以内に攻撃可能である。核兵器の搭載も可能という。極超音速で飛ぶ上、進路の変更も可能であるため、レーダーによる探知は困難で、容易に防空網を突破されてしまう。迎撃も難しい。

　ＤＦ－21は固体燃料のミサイルで、移動起立発射機で発射させるので、即応性があり、発射場所を選ばない。中国では東風ＺＦを局地紛争の際の先制攻撃に使うことを考えているようである。ターゲットを正確に狙えるので、太平洋上の特定の空母を攻撃することもできる。また、低軌道の衛星破壊や自ら偵察衛星として活動を行うことも可能という。

東風ＺＦは中国航天科工信息技術研究院傘下の北京臨近空間飛艇技術開発有限公司が開発している。２０１４~16年に集中して試験飛行が行われ、少なくとも8回、試験飛行に成功している。すでにある程度の技術水準に達しているとみられる。

着々と進む宇宙軍事利用

中国は多種の軍事衛星を軌道上に展開しているだけでなく、攻撃的な宇宙兵器を開発しており、将来は宇宙空間に配備する可能性がある。

中国を含む１０５カ国が加盟している「宇宙条約」の第４条においては、「加盟国は核兵器および他の種類の大量破壊兵器を運ぶ物体を、地球をまわる軌道に乗せないこと、これらの兵器を天体に設置しないこと、他のいかなる方法によってもこれらの兵器を宇宙空間に配置しないこと」とされている。すなわち、宇宙空間に核兵器を配備してはいけないことになっている。しかし、核兵器以外の兵器に関しての取り決めはない。宇宙の軍備管理に関して多くの国がその必要性を認識しているにもかかわらず、国際的合意に達していないのが現状である。

中国が2015年5月に発表した『2015年国防白書』には、「中国は宇宙空間の平和利用を以前から主張しており、宇宙空間への兵器配備や軍備競争に反対している」と書かれている。

宇宙における軍備管理に関して、中国はロシアと共同で「宇宙空間における兵器配置防止等条約案」(PPWT)を提案している。このPPWTでは、①いかなる兵器を運搬する物体も、地球周回軌道に乗せないこと、天体に設置しないこと、その他いかなる方法によっても宇宙空間に兵器を配置しないこと、②「宇宙空間物体」に対する武力の行使または武力による威嚇を行わないこと、としている。①は宇宙条約の「核兵器」を「いかなる兵器」に置き換えたもので、どのような兵器も宇宙に配備してはいけないということになる。②はASATを禁止するものである。

このような主張は、中国が実際に進めている宇宙兵器の開発やASAT実験と矛盾するものである。中国の真意はどこにあるのだろうか。

おそらく、中国はＰＰＷＴを守る意思はないであろう。ＰＰＷＴをアメリカとの微妙なかけひきの手段にしているようにみえる。ＰＰＷＴがアメリカをふくめた国際的な交渉に入ったとしても、条約締結まで10年近くはかかる。アメリカは民主国家であるから、条約交渉中に宇宙軍備を積極的に進めることはないであろう。その間に中国は自分の宇宙兵器の開発を進めることができる。ＡＳＡＴ実験についても、現在の中国のＡＳＡＴ実験は自国の衛星をターゲットにしているので、②の武力行使にはあたらず、科学実験だと主張できる逃げ道がある。他国の衛星を実際に攻撃したとしても、そのときにはＰＰＷＴに規定される自衛権の行使と主張できる。

ＰＰＷＴはロシアと中国の共同提案だが、どちらかというとロシアが主導している。ロシアは宇宙戦力でアメリカと差を付けられているので、宇宙の軍備管理をしてアメリカの力を抑制したいと考えている。一方中国は、アメリカと対抗できる宇宙戦闘能力を保有するにいたった段階では、軍備管理をしたくないと考え、ＰＰＷＴから引く可能性もある。

宇宙空間における圧倒的なテクノロジーをもつアメリカに、中国は今、非対称の戦いを挑んでいるところであり、ＰＰＷＴは、相手を立ち止まらせ自らはその間に力を高めるための手段、というのが私の見立てである。

中国の宇宙軍事利用は着々と進められていくであろう。

第8章

中国はなぜ「宇宙強国」をめざすのか

「中国の夢」と「宇宙の夢」

習近平国家主席の提唱する「中国の夢」について、『人民網日本語版』の2012年11月30日の記事をみておこう。習主席をはじめ中央政治局常務委員が国家博物館で開催された「復興の道」展を見学した時の記事である。

「復興の道」展は「半植民地・半封建社会に成り果てた中国」「祖国を滅亡から救い、民族の生存を図る道の探求」「民族独立と人民解放の歴史的重任を担った中国共産党」「社会主義新中国の建設」「中国の特色ある社会主義の道を歩む」の5部構成であった。

習国家主席は「過去を振り返ると、立ち後れれば叩かれるのであり、発展してこそ自らを強くできるということを全党同志は銘記しなければならない」と述べたという。また、「私は中華民族の偉大な復興の実現が、近代以降の中華民族の最も偉大な夢だと思う。この夢には数世代の中国人の宿願が凝集され、中華民族と中国人民全体の利益が具体的に現れており、中華民族ひとりひとりが共通して待ち望んでいる。歴史が伝えているように、各個人の前途命運は国家と民族の前途命運と緊密に相連なっている。国家が良く、民族が良くて初めて、みなが良くなることができる」と述べた。さらに「新中国成立100周年までの富強・民主・文明・調和の社会主義現代化国家の完成という目標は必ず達成でき、中華民族の偉大な復興という夢は必ず実現できると私は確信している」と強調したという。

「中国の夢」とは、かつてのような世界の中心となる強国を建国100年にあたる2049年までに建設することにほかならない。

中国の「宇宙の日」制定にもみられるように、中国は今も「両弾一星」が強国建設に不可欠な要素と考えている。したがって、人民解放軍が進める宇宙計画、すなわち「宇宙の夢」の実現が重要な役割を果たすことになる。

『人民網日本語版』の2013年6月12日の記事によると、習国家主席は酒泉衛星発射センターで神舟10号の打ち上げ成功をたたえるとともに、「宇宙飛行強国を建設することは、われわれが追い求め続ける宇宙飛行の夢だ」と語った。

13億7000万人の国民に輝かしい国家建設を約束している以上、中国は宇宙強国の道を追い続けるしかない。

江沢民政権の時代から、人民解放軍は近代化を進めてきた。その人民解放軍に大きなインパクトを与えたのが、1991年の湾岸戦争である。人民解放軍は、湾岸戦争におけるアメリカ軍の作戦は、インテリジェンス活動の70〜80％、通信手段の80％を宇宙に依存していたと分析した。つまり、人工衛星とネットワークによってもたらされる「情報」が、作戦を成功させる決定的な要因であることに気付いたのである。この確信は2003年のイラク戦争でさらに深まった。こうして、人民解放軍は未来の戦争に勝利するには「制情報権」を握ることが必要であり、そのためには「制天権」が必要と考えるにいたった。

人民解放軍は近未来に起こる戦争は局地戦であると考えており、「情報化」された部隊が局地戦を戦う「情報化条件下局部戦争」に勝利することを目標にしている。

では、制天権を握るにはどうしたらよいか。まず宇宙空間への自由なアクセスを実現して強力なC４ＩＳＲ（指揮・統制・通信・コンピューター・情報・監視・偵察）を確立すること、そして、敵が自らの宇宙C４ＩＳＲを使用できないようにすることである。

前者からは運搬手段（ロケット）と衛星の開発、そして有人宇宙飛行を含む強力な宇宙開発の推進が、後者からはＡＳＡＴ手段の確立が導かれる。

アメリカと中国の宇宙Ｃ４ＩＳＲ能力には、まだ大きな開きがある。人民解放軍は今後も宇宙Ｃ４ＩＳＲ能力を高めるために積極的な方策をとるであろう。例えば、アメリカに対するＡ２ＡＤ（接近阻止・領域拒否）で重要な役割を果たすといわれる対艦弾道ミサイルＤＦ‐21Ｄを、アメリカ軍は「空母キラー」として警戒している。しかし、ＤＦ‐21Ｄが洋上のアメリカ空母をピンポイント攻撃するには、その空母の位置を正確に知る必要がある。中国本土にはＯＴＨレーダー（超水平線レーダー）が配備されているが、精度はそれほど高くない。そのため「遥感」シリーズやその他の海洋監視衛星などの宇宙ＩＳＲ（情報・監視・偵察）が必要となる。ＤＦ‐21Ｄをターゲットまで誘導するのは北斗衛星測位システムである。２０１５年にはグアムまでを射程に収めるＤＦ‐26中距離弾道ミサイルも登場した。これらがアメリカ軍にとって真の脅威になるかどうかは、中国の宇宙Ｃ４ＩＳＲがこれらのミサイルの精度をどこまで高められるかにかかっている。

人民解放軍の宇宙からの偵察活動は主に遥感衛星が行っているが、民生用といわれる他の地球観測衛星も使われる。今後注目されるのは解像度の点で「高分」、観測頻度の点で「吉林」である。吉林は２０２０年には60機のコンステレーションになり、地球のいかなる場所も30分に１回観測可能になる。さらに２０３０年に１３８機のコンステレーションとなり、10分に１回の観測が可能になるという。すなわち、吉林は観測頻度において、遥感あるいは他の衛星による偵察活動を補完するものとなる。吉林は中国初の商業地球観測衛星であるが、その最大のユーザーが人民解放軍になることは間違いない。

東シナ海、南シナ海などでの海洋監視に今後重要な役割を果たすとみられている衛星が「海洋」である。海洋は海洋環境の調査など、海洋科学の発展のために用いられるとされているが、同時に南シナ海や尖閣諸島周辺での監視活動に使うことを中国自身も認めている。２０１６年12月に、中国が南シナ海の公海でアメリカ海軍の無人潜水機を拿捕し、５日後に返還するという事件が起こった。無人潜水機は塩分濃度や水温などの調査していただけとされているが、海中の音波の伝搬は海水温や塩分濃度などによって異なってくる。潜水艦の探知に関わる情報となるため、中国は神経をとがらせている。このように、海洋観測の科学データ自体も軍事情報になる。

宇宙強国になるということは、宇宙ステーションを打ち上げ、月探査を行うことだけではない。宇宙空間の利用によって人民解放軍の作戦能力を飛躍的に高めることが、宇宙強国のきわめて重要な要素になっている。

宇宙に展開する「中国天空軍」

習国家主席は2014年4月、空軍に対して「空天一体」を指示した。空軍の作戦と宇宙C4ISRとの統合を深めることが目的である。人民解放軍の作戦活動は今後さらに宇宙と結びついていき、いずれ「宇宙作戦部隊」が必要になってくる。宇宙作戦をどこが管轄するかについては、総装備部、空軍、第二砲兵の間で競争があったが、1つの方向性が示された。戦略支援部隊が創設されたのである。

２０１５年12月31日、人民解放軍は陸軍、空軍、海軍、ロケット軍、戦略支援部隊という４つの軍と１つの部隊に再編された。人民解放軍は歴史的に陸軍の規模が大きく、指揮系統も複雑であったが、今回、陸軍指導機構（陸軍司令部）が設置されて指揮系統が統一されるとともに、空軍、海軍と同格になった。ロケット軍は戦略核ミサイルを担当してきた第二砲兵が昇格したものである。

新たに設置された戦略支援部隊は、４軍を支援するための重要な任務を与えられており、「部隊」でありながら、「軍」と同格に位置づけられている。宇宙を担当する軍事航天部隊とサイバー空間を担当する網路信息戦部隊に分かれている。

軍事航天部隊は軍事衛星の運用や宇宙監視などを行うが、ＡＳＡＴも担当することになるであろう。開発中のミニシャトル型宇宙機「神龍」も軍事航天部隊が運用することになるかもしれない。網路信息戦部隊は当然サイバー攻撃を担当する。有事の際にＡＳＡＴとサイバー攻撃で４軍を支援するのが戦略支援部隊の任務ということになる。

戦略支援部隊の司令員は高津中将で、第二砲兵参謀長、軍事科学院院長を歴任した人物である。副指令員の李尚福少将は西昌衛星発射センター主任を経験しており、衛星打ち上げおよびASATに関係が深い。軍事航天部隊司令員は尚宏少将で、第20基地（酒泉衛星発射センター）の司令員を経験している。

今回、「軍事航天部隊」が人民解放軍の中で正式な名称を与えられた。しかし、この部隊の任務は地上にとどまる。宇宙空間に出ていく「航天軍」がどのようにつくられていくかは、まだ明らかではない。ロシア航空宇宙軍のように、航天軍は空軍と合体し、「天空軍」となる可能性もある。

２０１６年10月17日の神舟11号の打ち上げの際、実は高中将も中央軍事委員会副主席の范長龍に同行して酒泉衛星発射センターを訪れていた。戦略支援部隊はすでに有人宇宙部門にもその存在感を見せはじめている。

中国はアメリカに匹敵する、あるいはアメリカをしのぐ宇宙強国になることを目指している。人民解放軍が制天権を確保しようと考えるならば、地球周回軌道さらには月面への天空軍の展開は当然考えられることであろう。

月面に軍事基地をつくることは「宇宙条約」で禁止されている。しかし、非軍事目的の基地建設は問題ない。中国では月探査の大きな目的として、核融合発電の燃料になるヘリウム3の採取を挙げている。月面には太陽から飛んできたヘリウム3が莫大な量存在しており、これを採取して地球に持ち帰れば、エネルギー問題は解決すると中国は主張している。宇宙条約は月の領有を禁止しているが、月の資源開発についての規定はない。禁止されていないので、自由に採掘できるという考え方がなり立つ。南シナ海での中国の活動をみていれば、月の資源開発という名目で天空軍が月面に駐留し、実質的に軍事基地がつくられる可能性を否定できないのではないか。宇宙空間の利用に関して何らかの国際的な行動規範がつくられない限り、中国の独走が続き、既成事実が積み上げられていく。

中国の宇宙開発は壮大な軍事作戦とみなすこともできる。そうであるならば、宇宙強国となった中国が、自国の核心的利益のために宇宙空間でA2ADを発動し、地球周回軌道から月面にいたる広大な宇宙空間を支配下に収める日がくるかもしれない。

世界の宇宙開発の構図が変わる

国際宇宙ステーション計画はアメリカ、ロシア、日本、ヨーロッパという4極によって運用されてきた。中国の台頭によって、世界の宇宙開発の構図は、大きく変わっていくことになる。

国際宇宙ステーション計画は2024年までの運用が決まっている。中国は自国の宇宙ステーションが2025年以降、世界で唯一の宇宙ステーションになると宣伝している。国際宇宙ステーションは設計寿命からすると2028年まで利用可能である。参加国が条約を結んで進める計画は2024年で終わりになるかもしれないが、2025年以降も民間主導で運用される可能性がある。

しかしその頃になると、ロシアは独自の宇宙ステーション建設を考えるかもしれない。その場合、中国との協力関係が深まる可能性がある。

ヨーロッパと中国の関係はどうなっていくだろうか。

宇宙分野での中国とヨーロッパの関係は長い歴史をもっている。宇宙科学分野では、2004年から行われた「ダブルスター計画」がある。ESAと中国はそれぞれ科学衛星を打ち上げて、地球磁気圏の観測を行った。地球観測の分野では2003年から続いている「ドラゴン計画」がある。

ヨーロッパは「ITAR《アイター》フリー」の衛星開発でも、中国と深い関係をもっている。アメリカはITAR（武器国際取引に関する規則）で防衛および軍事関連の品目に輸出規制をかけている。商業衛星打ち上げ市場に参入した中国は、1990〜99年に19機のアメリカの衛星を打ち上げたが、この間に6回の失敗があった。アメリカの衛星メーカー、ヒューズ・スペース&コミュニケーションズとロラールは失敗の原因調査を行った。ところがこの際、中国企業への情報開示により、ミサイルに転用できる技術が中国にわたってしまった。この件をきっかけに、ITARによる衛星関連の規制は厳しくなり、アメリカ製の部品を使った衛星を中国のロケットで打ち上げることはできなくなった。中国の衛星打ち上げビジネスは大きな打撃を受けたが、このとき、アルカテル（現在のタレス・アレーニア）やその他いくつかのヨーロッパ企業が中国に協力し、アメリカ製の部品を使わないITARフリーの衛星を開発した。

初のＩＴＡＲフリーの衛星は２００５年に長征３号Ｂによって打ち上げられている。

こうした中国とヨーロッパの関係は、最近では有人宇宙分野にもおよんでいる。２０１２年10月に、載人航天工程弁公室（ＣＭＳＡ）の主任（当時）である王兆耀と、中国初の女性宇宙飛行士、劉洋がＥＳＡ本部を訪問し、当時のＥＳＡ長官、ジャン・ジャック・ドルダンと会見した。その後同年11月に、中国航天員科研訓練センターのメンバーがＥＳＡの宇宙飛行士訓練センターを訪問し、宇宙飛行士の訓練方法やＥＳＡの有人宇宙計画について説明を受けた。２０１３年にはＥＳＡと中国の宇宙飛行士が、お互いに相手に訓練センターを訪問している。

ＥＳＡの宇宙飛行士は、天宮宇宙ステーションを訪問することになるであろう。すでにＥＳＡの宇宙飛行士の何人かは中国語を勉強しているという。

中国とアメリカの関係はどうなるであろうか。

両国の間には、宇宙における協力関係はほとんどない。特に２０１１年以降はウルフ条項によって、ＮＡＳＡとホワイトハウスの科学技術政策局（ＯＳＴＰ）は、中国政府および中国企業との協力に連邦政府の予算を使うことを禁じられている。ウルフ条項はアメリカ下院商業司法科学関連省庁歳出小委員会のフランク・ウルフ委員長（当時）が２０１１年のＮＡＳＡ歳出法案に盛りこんだ条項である。この法律は、当時大きな問題になったアメリカの政府機関や企業などへの中国のサイバー攻撃を背景に成立した。

しかしながら宇宙空間における中国のプレゼンスがここまで高まった以上、米中間の宇宙での断絶状態を継続させるのは、国家安全保障上得策ではないという意見が出てきた。スペースデブリやＡＳＡＴ、宇宙の商業利用、天体資源の開発などに関して、中国を同じ議論の土俵に乗せなければ、中国は勝手にふるまってしまうからだ。

また、国際宇宙ステーション計画以後の宇宙開発は月や火星への有人飛行が大きな目標になるが、こうした計画は国際協力によって実現することになる。ＮＡＳＡのチャールズ・ボールデン長官は、２０１５年10月12日、イスラエルで開催された国際宇宙会議（ＩＡＣ）に出席した際、「アメリカはＩＳＳ以遠への国際宇宙探査に中国を含めるべきである。ＮＡＳＡと中国の協力を禁止する現在の決まりは一時的なものだと私は考える」と述べている。

このような背景から、米中間の宇宙分野の対話が始まることになった。２０１５年６月にワシントンで行われた第７回米中戦略・経済対話で合意した事項の中に、民生宇宙分野での第1回米中対話を北京で開催することが含まれていた。その第1回米中対話はアメリカ国務省と中国国家航天局（ＣＮＳＡ）の共催で、２０１５年９月に北京で開催され、活発な意見交換が行われたといわれている。第２回目の米中対話は２０１６年10月にワシントンで開かれた。

中国はアメリカに「新型大国関係」を提案しているが、宇宙空間においても、同じような関係をアメリカに求めているようにみえる。しかしながら、こうした米中の宇宙での歩み寄りが、トランプ政権下でどうなっていくかは、まだ見えていない。

世界の宇宙開発における新たな構図は、東西冷戦の時代よりもはるかに複雑である。国際協力で進められる月や火星探査に対する中国のスタンスはよくわかっていない。地球周回軌道においては独自の宇宙ステーションを運用して、アメリカに対抗するスーパーパワーの地位を保ち、地球周回軌道以遠への有人飛行には、アメリカにとって重要なパートナーとして関わっていくのが中国の戦略と考えられる。しかし月への有人着陸を、中国はまず単独で行うであろう。月面で既得権益を確保する上でも、これは必要なことである。また、すでに述べたように、中国は月着陸を単独で行えるだけの技術を獲得しつつある。

ＩＳＥＣＧ（国際宇宙探査協働グループ）は、国際協働による有人宇宙探査に向けて技術検討を行う組織で、14の宇宙機関が参加している。現在、主に２０２０年代の国際的月探査のシナリオを検討している。ＩＳＥＣＧに中国からは中国国家航天局（ＣＮＳＡ）が参加しているが、ここでも中国は様子見のスタンスをとっている。

月や火星探査に、今後、アメリカのスペースＸ社のような企業が参入してくることは間違いない。また、トランプ政権が新たな政策を打ち出す可能性がある。人類が協力して月や火星の有人探査を行う姿がいかなるものになるか、現時点では不透明な点が多い。

宇宙は強力な外交ツール

中国にとって宇宙は外交、経済、資源戦略などを支援する強力なツールになっている。例えば中国は産油国であるナイジェリアやベネズエラに対して通信衛星の製造と打ち上げを引き受け、資源外交の一環として利用してきた。

２０１６年６月、載人航天工程弁公室（ＣＭＳＡ）は国連宇宙空間平和利用委員会（ＣＯＰＵＯＳ）と中国の宇宙ステーションの利用に関して協定を結んだ。国連加盟国であれば、中国の宇宙ステーションを利用でき、主に開発途上国向けに開放されるという。中国の宇宙ステーション計画が平和目的であり、宇宙開発が一部の国のものではないことをアピールする狙いがあるとみられる。

２０２２年に完成予定の中国の宇宙ステーションには、中国にとって戦略的に重要な国々の宇宙飛行士が訪れることになるであろう。その最初はナイジェリアの宇宙飛行士になるかもしれない。同国は以前から有人宇宙飛行に意欲的で、２０３０年に宇宙飛行士を打ち上げる計画をもっている。

これは、かつてソ連が共産圏の結束を固めるためにインターコスモス計画で用いた手法である。共産圏諸国の宇宙飛行士が次々とサリュート宇宙ステーションやミール宇宙ステーションを訪れたものである。自前の宇宙ステーションをもつということが、いかに国際的な地位を高め、周辺の国々をひきつけるものであるかを、中国はロシアから学んだのであろう。

中国が世界の国々とどのような関係を結んでいるかは、2016年版『宇宙白書』の国際関係の項を読むと、よくわかる。ここでは、中国の宇宙活動の場としてまず国連が挙げられ、次に「一帯一路」の国々や上海協力機構における宇宙分野での協力強化にふれている。北斗衛星測位システムは2020年に全世界で利用可能になるが、2018年の段階で「一帯一路」の国々へのサービス提供を開始するという。

さらに、中国が主導するAPSCO（アジア太平洋宇宙協力機構）の活動にも触れている。アジア・太平洋地域においては、日本のJAXAが中心になったAPRSAF（アジア・太平洋地域宇宙機関会議）が1993年に設立され、宇宙利用の促進を目的とする活動を行っている。APRSAFには現在40を超える国と地域、国際機関などが参加している。中国は２００８年にＡＰＳＣＯを設立した。加盟国間の宇宙事業の発展を促進し、強化することなどが目的とされている。バングラディシュ、イラン、モンゴル、パキスタン、ペルー、タイ、トルコが加入している。

２国間協力については、ロシア、ＥＳＡ、ブラジル、フランス、イタリア、イギリス、ドイツ、オランダ、そしてアメリカとの関係が述べられている。また、アルジェリア、アルゼンチン、ベルギー、インド、インドネシア、カザフスタンとも協力関係を結んだとも述べられている。

こうした国際関係は、中国の宇宙開発が進展していく過程で築かれてきた。中国の宇宙開発の歴史がおのずと見えてくるもので、興味深い。中国は今後、世界の国々といかなる関係を築いていくのであろうか。

中国の宇宙開発に対して、アメリカが最も恐れているのはＡＳＡＴではない。その「若さ」である。中国の宇宙開発従事者の55％は35歳以下だといわれている。トップクラスの大学で教育を受けた多数の優秀な人材を含む何十万人もの若者のパワーが、躍進の原動力となっている。わずか8年で有人月着陸を成功させた頃のNASAと同じである。このエネルギーはこれから20年以上、衰えることはない。中国経済が減速すれば、宇宙開発のスピードも鈍るのではないかという考えもあるが、おそらく逆であろう。中国が厳しい状況になればなるほど、宇宙強国建設に集中的な投資が行われ、国威の発揚とナショナリズムの高揚が図られるであろう。「はじめに」でも書いたように、中国の宇宙開発はいくつもの顔をもって進められている。米ソが宇宙競争をしていた時代に比べてはるかに複雑な世界において、宇宙強国となった中国はどのような顔をわれわれに見せるのであろうか。

中国の宇宙開発は確かに目覚ましい進展を遂げている。ただしその未来は「中国の夢」として語られ、宇宙開発の本来の姿である「人類共通の夢」として語られることはない。この点が、中国の宇宙開発に対して多くの国が不安や懸念をいだく最大の原因となっている。

謝辞

本書の執筆にあたっては、多くの方々から情報をいただきました。アメリカ、国際評価戦略センター主任研究員のリチャード・フィッシャー氏から、中国の宇宙開発のデュアルユースに関していくつもの重要な示唆をいただきました。また、産経新聞ワシントン駐在客員特派員で麗澤大学特別教授の古森義久氏には、本書執筆のためのリサーチにあたり、貴重なアドバイスをいただきました。皆様に深く感謝いたします。

また、本書の編集を担当していただいた株式会社ウェッジ書籍部の新井梓さんには大変お世話になりました。お礼申し上げます。

なお、本書に書かれている見解はすべて著者個人のものであり、著者が所属する組織の意見を代表するものではありません。

２０１７年2月

寺門和夫

【著者略歴】

寺門和夫　てらかど・かずお

科学ジャーナリスト、一般財団法人日本宇宙フォーラム主任研究員。

1947年生まれ。早稲田大学理工学部電気通信学科卒業。株式会社教育社で科学雑誌『ニュートン』を創刊。長年にわたって科学分野の取材を続けてきた。主な取材分野は、宇宙開発、天文学、惑星科学、分子生物学、ゲノム科学、先端医療、地球環境問題、エネルギー問題。日本および海外の科学者や研究機関に幅広いネットワークをもつ。テレビ、ラジオ等メディアへの出演も多数。

主な著書に『まるわかり太陽系ガイドブック』、『ファイナル・フロンティア――有人宇宙開拓全史』、『［銀河鉄道の夜］フィールド・ノート』、『超絶景宇宙写真』、『宇宙から見た雨』、主な訳書に『グリニッジ天文台が選んだ絶景天体写真』、『宇宙はどこまで広がっているか』などがある。

中国、「宇宙強国」への野望

2017年2月20日　第1刷発行

著　者　寺門和夫

発行者　山本雅弘

発行所　株式会社ウェッジ
〒101-0052　東京都千代田区神田小川町一丁目3番地1
NBF小川町ビルディング3階
電話 03-5280-0528　FAX 03-5217-2661
http://www.wedge.co.jp/　振替 00160-2-410636

装　丁　bookwall
組　版　株式会社明昌堂
印刷・製本所　株式会社暁印刷
中国語翻訳協力　伊藤暁子

※定価はカバーに表示してあります。　ISBN978-4-86310-177-7　C0031